## 新颖别致的针织衫

## 充满创意的保暖小物

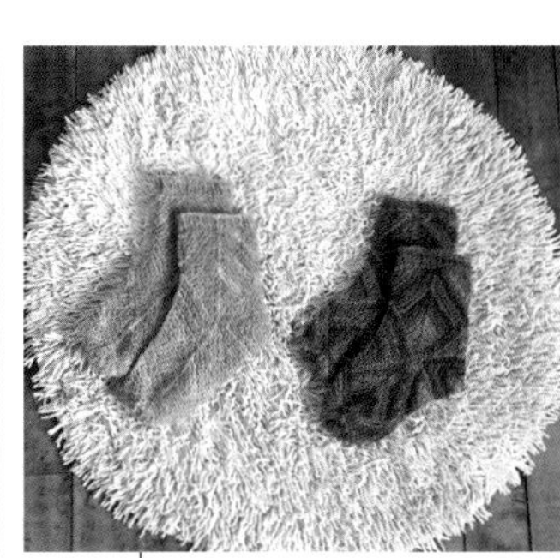

# 乐享编织的温暖时光

寒冷季节穿上温暖的毛衣仿佛置身于暖阳之下。
快来编织一款看着和穿着都很暖和的毛衣吧。

# 01
## 套头衫

这款混色套头衫散发着别样的韵味。
纽扣固定的V领和素净的基础花样
给人一种典雅的印象。

设计：冈真理子
制作：内海理惠
使用线材：Ski Lana Melange

● 编织方法：p.33

# 02
## 套头衫

在下针编织花样中，
加入竖排的麻花花样，
为织物增添了变化。
前面是深V领，
后面是露颈的浅V领设计。

设计：镰田惠美子
制作：有贺贞子
使用线材：Ski Lobel
● 编织方法：p.37

# 03 套头衫

这款箱型轮廓的竖条纹套头衫
是用手感温暖的毛线编织而成的。
冬天里显得格外漂亮的混合色调
也是一大亮点。

设计：冈真理
制作：须藤晃代
使用线材：Ski UK Blend Melange
● 编织方法：p.40

# 04
## 套头衫

阿兰花样厚实的衣袖是
这款套头衫的设计重点。
身片是简单的下针编织。
富有弹性和光泽的优质
线材保暖性也非常好。

设计：河合真弓
制作：石川君枝
使用线材：Ski Tasmanian Polwarth
● 编织方法：p.42

# 05
## 套头衫

段染线的色调素雅、温和，
编织成套头衫非常百搭。
加在下摆和袖口的麻花花样自然和谐。

设计：镰田惠美子
制作：饭塚静代
使用线材：Ski Trueno
● 编织方法：p.41

# 新颖别致的针织衫

这里的几款作品，
恰到好处地体现了季节感，
也为着装增添了一抹靓丽的色彩。

# 06
## 背心

这是一款直筒背心，

一边钩织一边连接花朵花片。

侧边的系带是一大亮点，

浮现的四叶草花样别有一番趣味。

设计：SKI毛线企划室

使用线材：Ski Fraulein

● 编织方法：p.44

# 07
## 套头衫

使用色彩变化丰富的毛线编织，规律的镂空花样也能呈现出意想不到的效果。
只需在长方形织片的正中间开出垂直的领口即可，整体设计非常简单。

设计：泽田美纪
使用线材：Sock80
● 编织方法：p.52

# 08
## 背心

在育克部分排满正方形花片，
然后挑针朝下摆方向钩织扇形花样，
衣身自然向外扩展。
颜色也很特别，
冬天穿着格外漂亮。

设计：矢野康子
使用线材：Ski Merino Silk
● 编织方法：p.45

# 09
## 套头衫

从下摆往上钩织，
同时在胁部加针，
完成的套头衫宽松又舒适。
用粉红色线钩织简单的镂空花样，
可以将脸部衬托得明艳动人。

设计：岸 睦子
使用线材：Ski 风花
● 编织方法：p.54

# 10
## 背心

胸前的花片呈V形排列，
这是一款成熟又不失甜美气息的背心。
使用了色调柔美的段染线钩织，
仿佛焦急地盼望着春天的到来。

设计：小野琇未
使用线材：Ski Lobel
● 编织方法：p.49

# 11

## 背心

这款背心的小树花样透着欢快的气息，
为偏沉闷的冬装增添了一丝华丽色彩。
圈圈线的蓬松质感更是突显了可爱的气息。

设计：河合真弓
制作：冲田喜美子
使用线材：Ski Le Bois
● 编织方法：p.58

# 12
## 背心

使用的线材富有光泽和垂感，
从育克处分成上下两部分钩织，
整件背心散发着成熟的魅力。
蕾丝花样简洁利落，
不同的内搭可以演绎出百变风格。

设计：C.dream小泉香织
制作：白岩 健
使用线材：Ski Luno
● 编织方法：p.60

# 13
## 马甲

由连续的椭圆形花样组成织带，
拼接出这款艺术感极强的马甲。
线材本身独有的段染色与
纯色的相互碰撞，
更加突出了花样的个性。

设计：原田千惠子
使用线材：Ski Trueno
● 编织方法：p.63

## 14
## 护腕、袜子

袜子的条纹花样、
护腕的锯齿花样、
令人赏心悦目的色彩变化，
尽显袜子线的魅力。
每团80g的大线团，
1团线就可以编织两款作品。

护腕 / 设计：那和智子
袜子 / 设计：SKI毛线企划室
使用线材：Sock80
● 编织方法：p.67

# 充满创意的保暖小物

为当季着装增色添彩的小物是可以随心搭配的时尚调味剂。
下面将为大家介绍几款充满各种小巧思的作品。

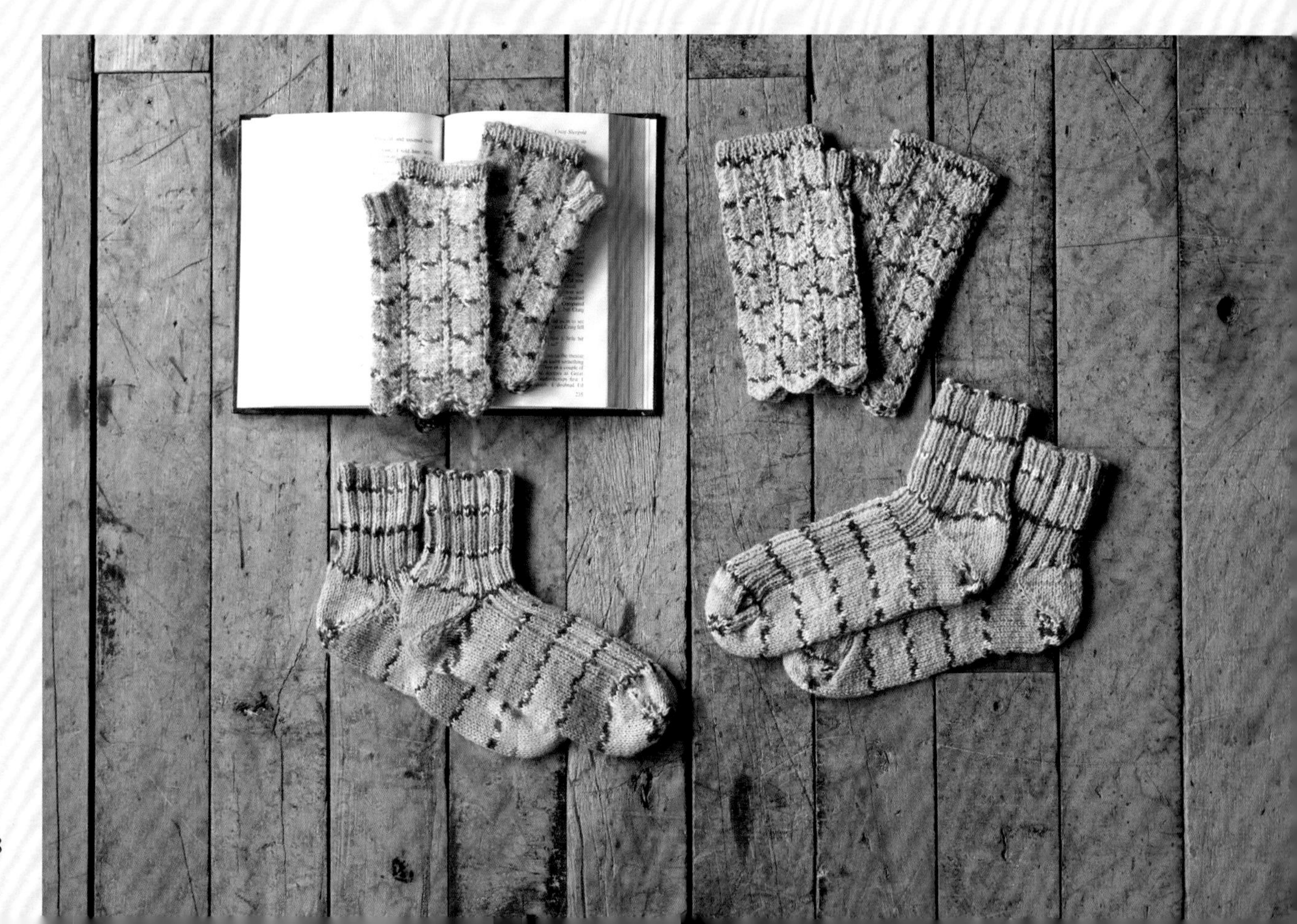

# 15
## 连指手套

选择3种沉稳素雅的颜色，
组合不同花样编织的连指手套，
在冬天日常佩戴非常实用。
还加入了精巧的小设计，
可以灵活操作智能手机。

设计：冈真理子
制作：水野 顺
使用线材：Ski Tasmanian Polwarth
● 编织方法：p.70

# 16
## 袜子

段染圈圈线富有色彩变化，
多米诺编织的袜子又松软又厚实。
也可以顺滑地穿在普通袜子的外面，
温暖地度过冬季。

设计：SKI毛线企划室
使用线材：Ski Le Bois
● 编织方法：p.72

# 17
## 披肩

只需简单地披在肩上，
就可以为着装增添一抹亮色。
三角形披肩的流苏随身摇曳。
从后面的顶角开始钩织，
一边欣赏色彩的变化，
一边扩展至自己喜欢的大小。

设计：SKI毛线企划室
使用线材：Sock80
● 编织方法：p.66

# 18
## 贝雷帽

这是一款自然的斜纹花样贝雷帽，
厚度适中，戴起来柔软舒适。
羊毛竹节花式线可以牢牢地锁住空气，
保暖性非常好。

设计：今井泰子
使用线材：Ski Trueno
● 编织方法：p.62

# 19
# 束口包

单提手的束口包散发着怀旧的气息。
使用极粗的纯羊毛线紧实地钩织，
圆鼓鼓的形状也十分可爱。

设计：大泷理保子
使用线材：Ski UK Blend Melange
● 编织方法：p.74

# 寒冷季节的精美编织

编织花样更加精巧，编织技法也更加讲究，这部分为大家带来的是御寒保暖的冬季实用单品。

# 20
## 背心

寒冷的季节也想穿出自己的风格。
多米诺编织花样的背心
呈现出灵动的色彩变化，
无论心情还是着装都多了一份新鲜感。

设计：矢野康子
制作：长谷川千代子
使用线材：Sock80

● 编织方法：p.76

# 21
## 开衫

在传统花样中加入一些新鲜元素，
打造出了这款别具一格的开衫。
温暖的材质和深邃的颜色，
让你穿出寒冷季节独有的时尚感。

设计：岸 睦子
制作：加藤明子
使用线材：Ski Fraulein
● 编织方法：p.78

# 22
## 套头衫

这款小花花样的套头衫
用韵味十足的段染线编织而成。
修身的轮廓增添了女性的柔美气质，
给人十分优雅的印象。

设计：原田千惠子
使用线材：Ski Lobel
● 编织方法：p.82

# 23
## 套头衫

简洁的V领和袖口的开衩设计
无不彰显这款套头衫的季节感。
在下针编织的衬托下，
细致的编织花样显得更加精美。

设计：SKI毛线企划室
使用线材：Ski Merino Silk
● 编织方法：p.85

# 24
## 套头衫

鲜亮的黄色光彩夺目，
让冬天的穿搭焕然一新。
这一件作品呈现出
富有流动感的编织花样的乐趣
以及优质线材的高级感。

设计：田村佳苗
使用线材：Ski Tasmanian Polwarth
● 编织方法：p.88

# 25
## 套头衫

此起彼伏的细腻花样加上柔和的颜色，
令整件套头衫给人十分雅致的感觉。
外形宽松和穿着轻便也是其魅力所在。

设计：河合真弓
制作：松本良子
使用线材：Ski Fraulein
● 编织方法：p.90

# 26
## 套头衫

这是一款纹理非常丰富的套头衫，
在身片编织了立体感很强的
菱形花样和拉针花样。
领口和袖口看似随意的配色
彰显了女性的柔美气息。

设计：小野琇未
制作：森山妙子
使用线材：Ski UK Blend Melange
● 编织方法：p.92

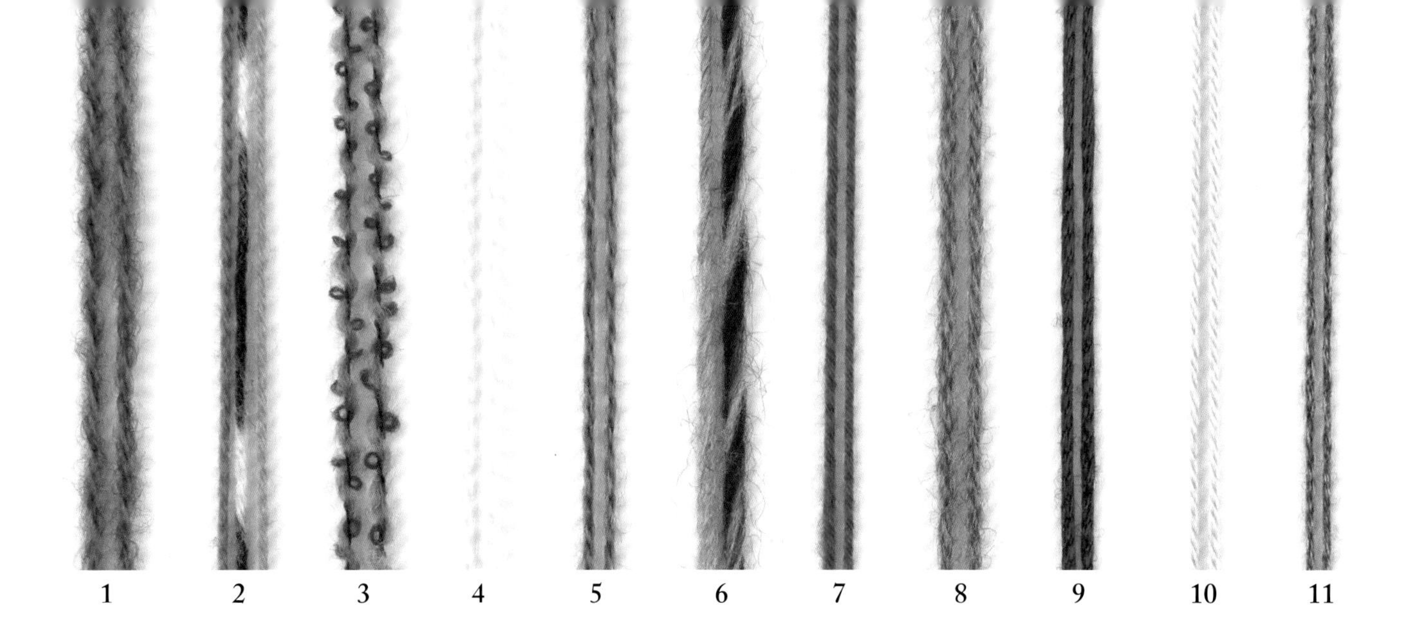


# 本书使用线材一览

※ 图片为实物粗细

| 线材名称 | 成分 | 粗细 | 色数 | 规格 | 线长 | 使用针号 | 标准下针编织密度 | 线材的特点 |
|---|---|---|---|---|---|---|---|---|
| 1 Ski Lobel | 羊毛70%<br>腈纶30% | 中粗 | 6 | 30g/团 | 约90m | 6～8号<br>6/0～7/0号 | 19～21针<br>26～28行 | 这是用段染羊毛纱与腈纶绒线混纺而成的中粗毛线。浑然天成的色彩变化和织物的轻柔感是这款线的最大特点 |
| 2 Sock80 | 羊毛75%<br>（超级耐洗）<br>锦纶25% | 中细 | 5 | 80g/团 | 约300m | 2～3号<br>3/0～4/0号 | 27～28针<br>33～34行 | 这是羊毛与锦纶混纺的段染平直毛线，容易编织，而且很结实。简单编织就能呈现出漂亮的花样 |
| 3 Ski Le Bois | 羊毛70%<br>锦纶27%<br>马海毛3% | 中粗 | 6 | 30g/团 | 约78m | 5～6号<br>6/0～7/0号 | 17～19针<br>25～28行 | 在3色段染羊毛线上呈螺旋状缠绕小圈圈线加工而成，呈现出凹凸变化，十分可爱 |
| 4 Ski Fraulein | 羊毛100% | 中粗 | 20 | 40g/团 | 约77m | 7～9号<br>6/0～7/0号 | 17～19针<br>23～25行 | 有令人放心的质量，合理的价格更是令人惊喜。这是一款100%羊毛的中粗平直毛线 |
| 5 Ski Lana Melange | 羊毛100% | 粗 | 8 | 30g/团 | 约84m | 6～7号<br>5/0～6/0号 | 21～23针<br>28～30行 | 这是一款混色平直毛线，特点是秋冬线材常见的温和色调以及雅致的色彩变化 |
| 6 Ski Trueno | 羊毛95%<br>锦纶5% | 粗 | 7 | 30g/团 | 约105m | 5～6号<br>5/0～6/0号 | 20～22针<br>28～30行 | 5色段染与纯色羊毛加工而成的混色竹节花式线散发着若隐若现的光泽，呈现出漂亮的色彩变化 |
| 7 Ski Tasmanian Polwarth | 羊毛100%<br>（塔斯马尼亚波耳沃斯羊毛） | 粗 | 28 | 40g/团 | 约134m | 4～6号<br>5/0～6/0号 | 21～24针<br>32～34行 | 呈色优美，手感顺滑，富有弹性和光泽，是用珍贵的塔斯马尼亚波耳沃斯羊毛加工而成 |
| 8 Ski UK Blend Melange | 羊毛100%<br>（使用50%英国羊毛） | 极粗 | 25 | 40g/团 | 约70m | 8～10号<br>7.5/0～9/0号 | 16～18针<br>22～23行 | 这是一款加入了英国羊毛的纯毛极粗毛线，富有韵味的混色效果将粗糙感和柔和感中和得恰到好处 |
| 9 Ski Luno | 铜氨纤维43%<br>腈纶40%<br>羊毛17% | 粗 | 10 | 30g/团 | 约82m | 5～7号<br>5/0～6/0号 | 20～22针<br>25～27行 | 这款平直毛线使用了备受关注的铜氨纤维，不仅容易编织，看上去有光泽又暖和 |
| 10 Ski Merino Silk | 羊毛60%<br>（使用美利奴羊毛）<br>真丝40% | 粗 | 11 | 30g/团 | 约113m | 4～6号<br>4/0～6/0号 | 22～24针<br>32～34行 | 这款平直粗毛线可以令人同时感受到真丝的光泽和美利奴羊毛的轻柔 |
| 11 Ski 风花 | 羊毛60%<br>亚麻20%<br>苎麻20% | 中细 | 10 | 30g/团 | 约114m | 3～5号<br>4/0～5/0号 | 24～27针<br>31～35行 | 这款线兼具羊毛的柔软和麻线的光泽、韧性。与麻混纺的羊毛线呈现天然的质朴感 |

※ 线的粗细仅作为参考，标准下针编织密度是制造商提供的数据。
※ 此表所列均为常用数据，具体见作品。

# 作品的编织方法

## 01

p.3

■**材料**　Ski Lana Melange（粗）酒红色（2829）400g/14团，直径1.5cm的纽扣1颗

■**工具**　棒针6号、2号，钩针3/0号

■**成品尺寸**　胸围110cm，衣长58cm，连肩袖长72cm

■**编织密度**　10cm×10cm面积内：编织花样22针，29行

■**编织要点**　身片和衣袖另线锁针起针后按编织花样编织。胁部和袖下在边上2针的内侧做扭针加针。领窝减2针及以上时做伏针减针，减1针时立起边针减针。衣袖的编织终点做伏针收针。下摆和袖口解开起针挑针后编织单罗纹针，结束时做单罗纹针收针。肩部做盖针接合。挑出衣领的针目，往返编织单罗纹针。衣袖与身片之间做针与行的接合，胁部和袖下做挑针缝合。在右前领上钩织纽襻，再将纽扣缝在左前领上。

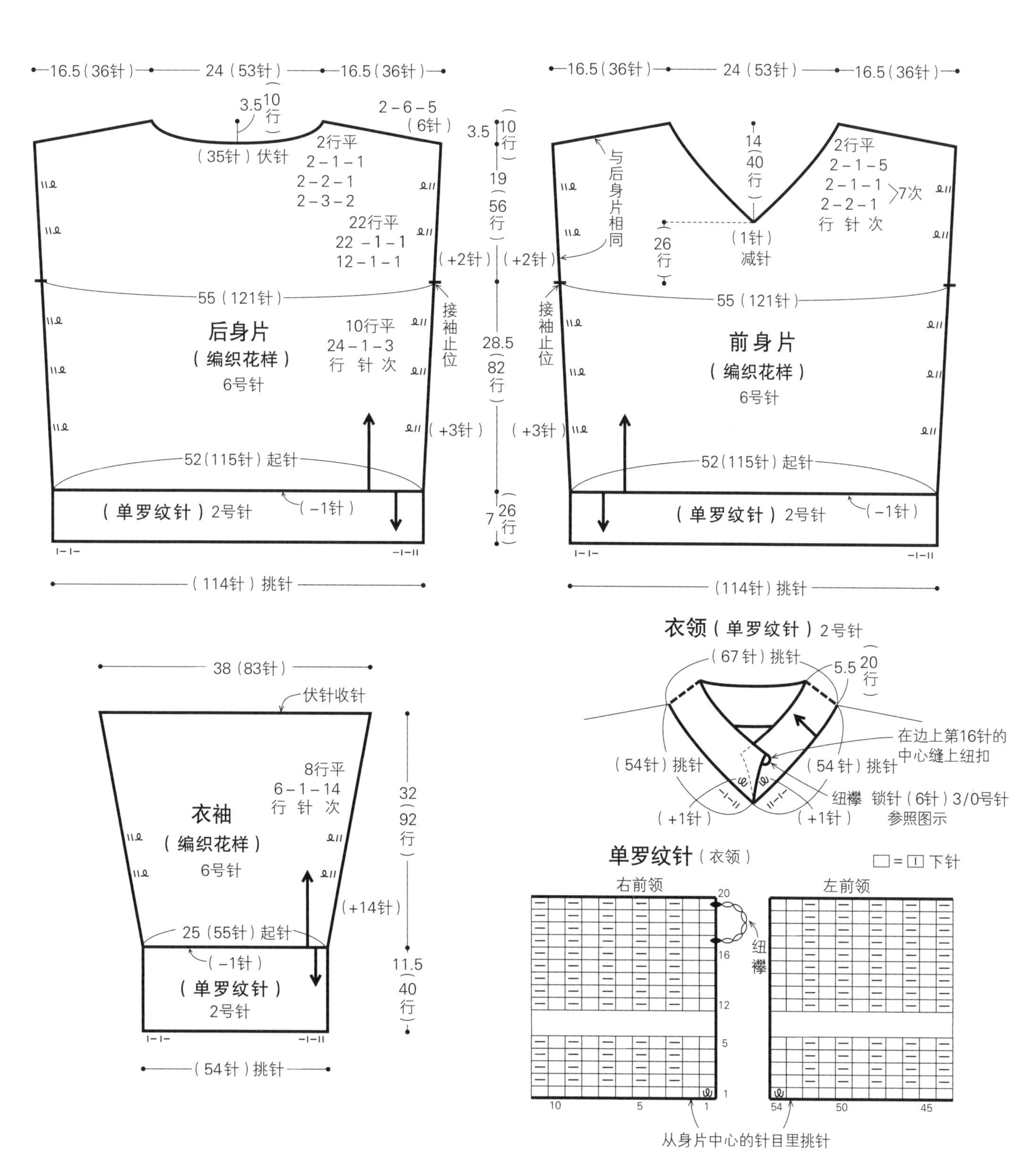

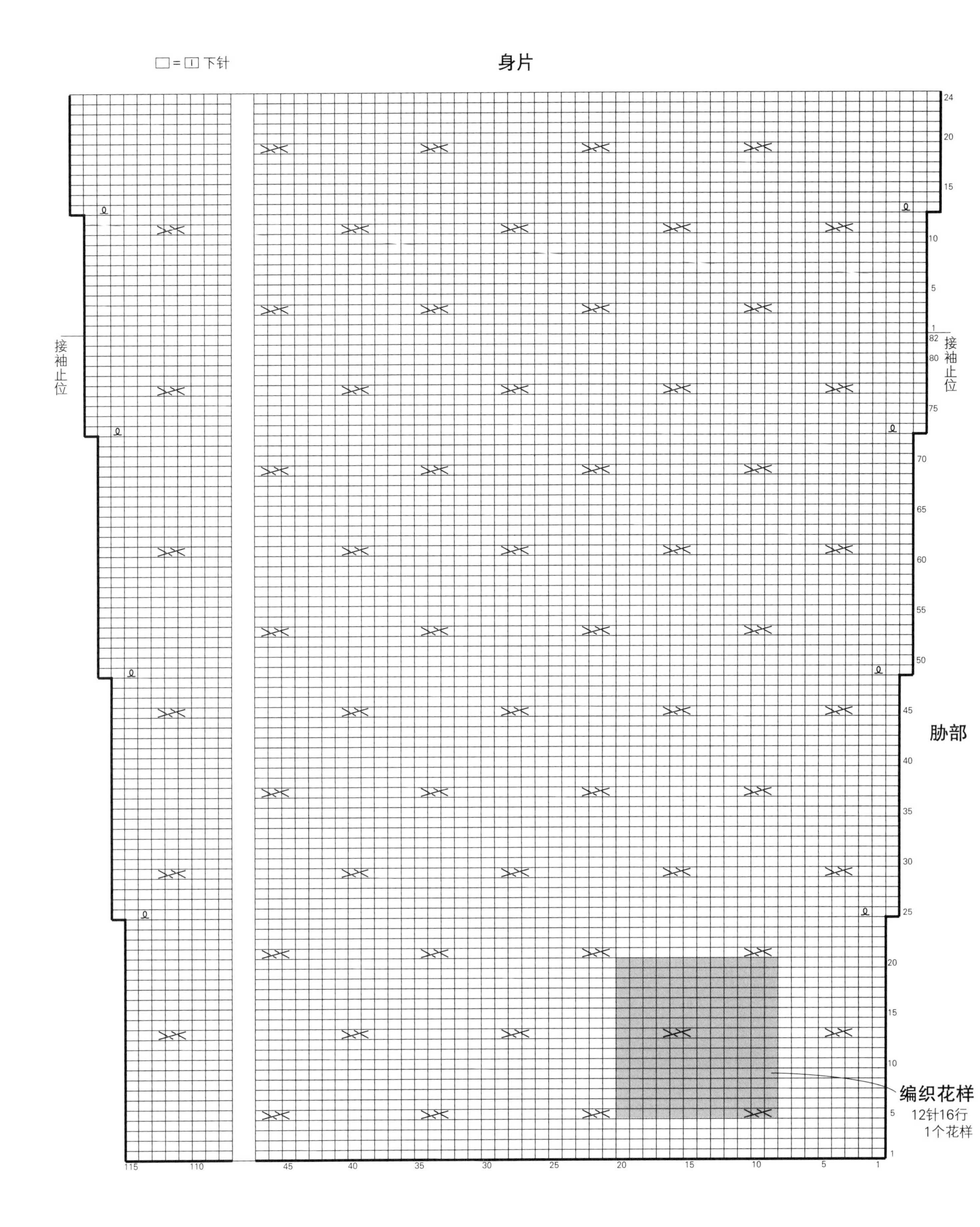
□=□ 下针
身片
接袖止位
接袖止位
胁部
编织花样
12针16行
1个花样

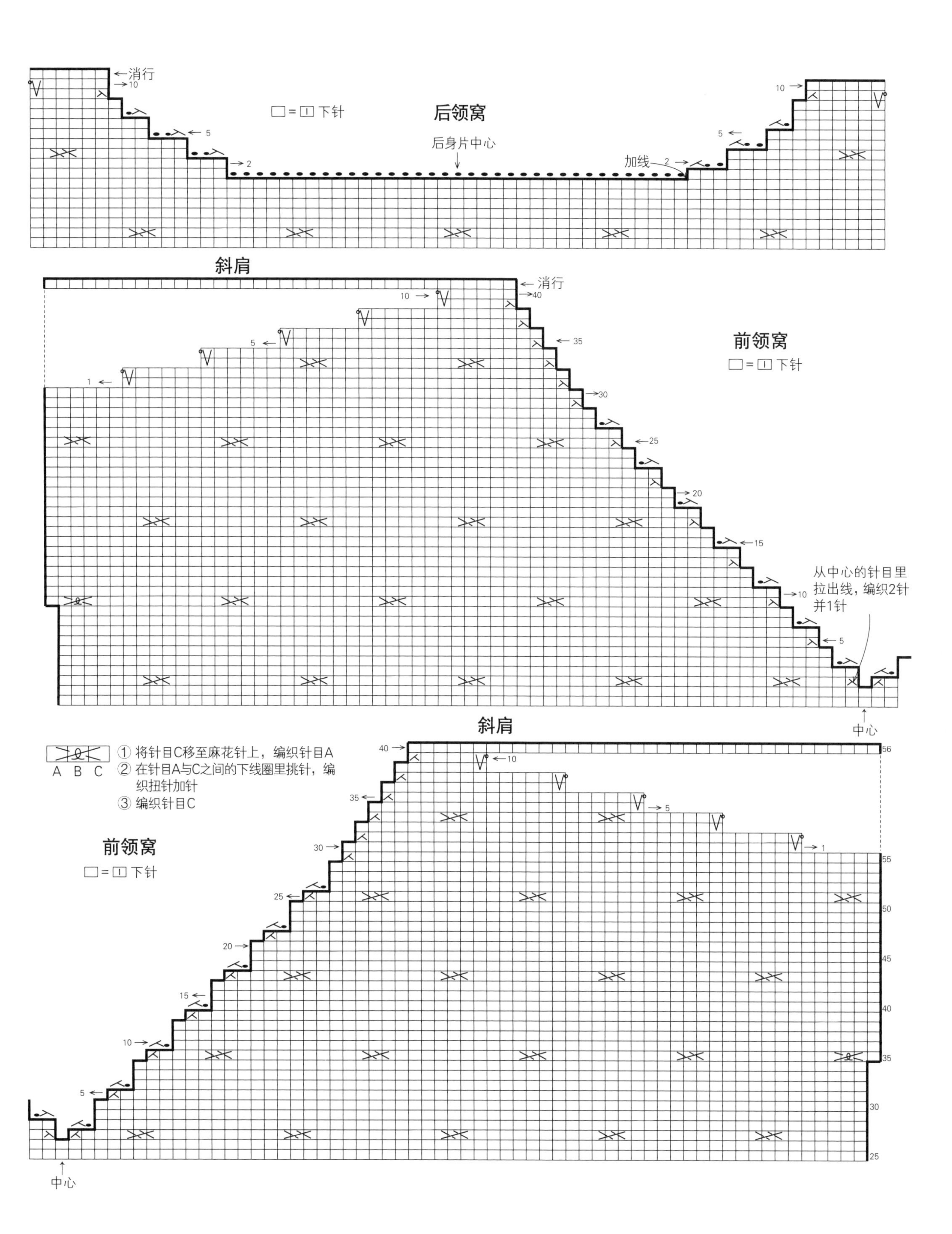

后领窝
□=▯ 下针
后身片中心
消行
加线
斜肩
前领窝
□=▯ 下针
从中心的针目里拉出线，编织2针并1针
中心
斜肩
① 将针目C移至麻花针上，编织针目A
② 在针目A与C之间的下线圈里挑针，编织扭针加针
③ 编织针目C
A B C
前领窝
□=▯ 下针
中心

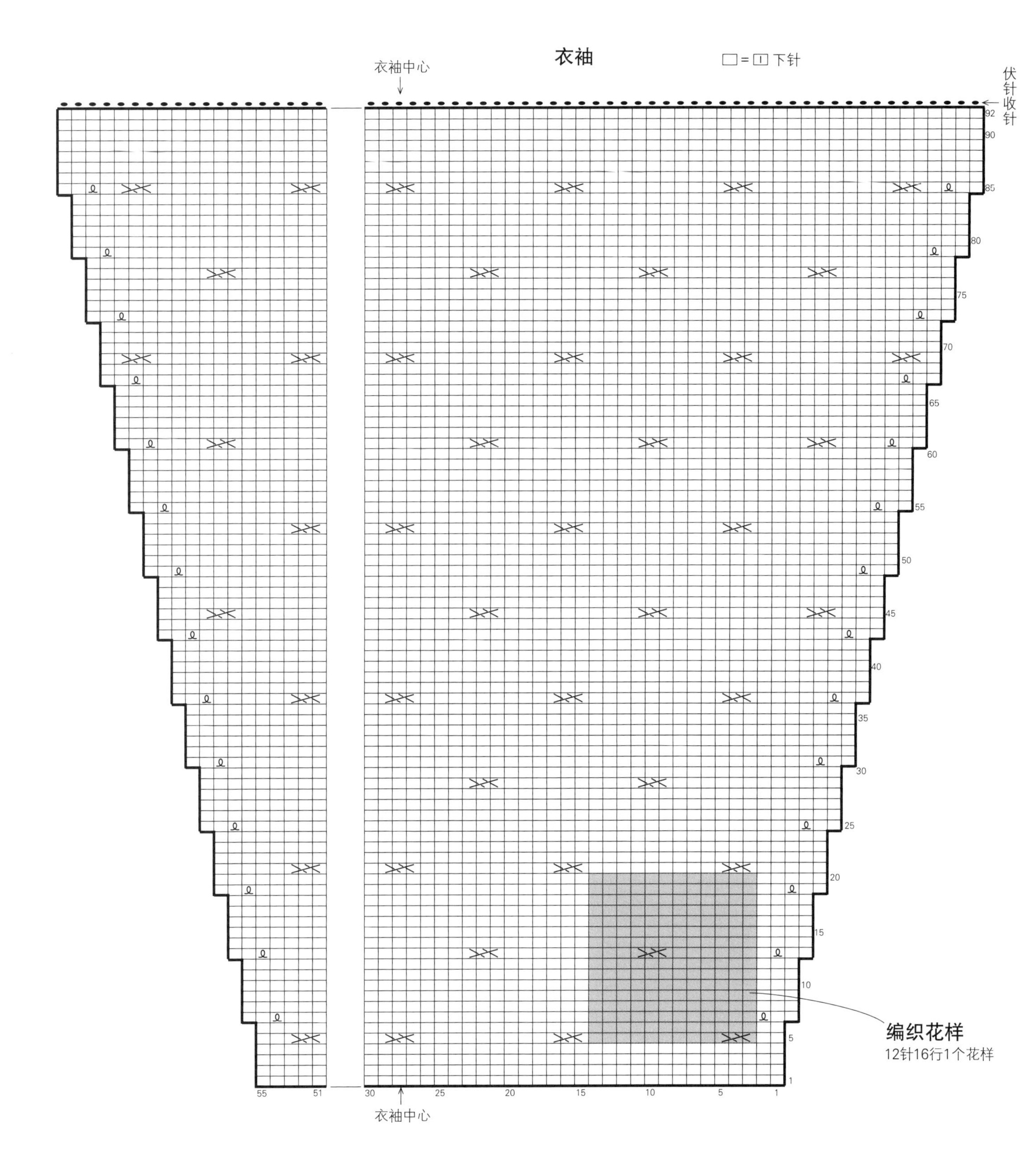
衣袖
□=□ 下针
衣袖中心
伏针收针
92
90
85
80
75
70
65
60
55
50
45
40
35
30
25
20
15
10
5
1
55
51
30
25
20
15
10
5
1
衣袖中心
编织花样
12针16行1个花样

02

p.4

■材料　Ski Lobel(中粗)藏青色系混染(8106) 290g/10团

■工具　棒针8号

■成品尺寸　胸围98cm，肩宽35cm，衣长59cm，袖长54cm

■编织密度　10cm×10cm面积内：下针编织18.5针，25行；编织花样20针6cm，10cm25行

■编织要点　身片和衣袖均为手指挂线起针，按双罗纹针和编织花样编织。从花样切换位置开始，编织花样接着往上编织，双罗纹针换成下针编织。袖下在边上1针的内侧做扭针加针。袖窿和袖山减2针及以上时做伏针减针，减1针时立起边针减针。领尖处将编织花样分成左右各10针，不再加入交叉花样，在编织花样的内侧做2针并1针的减针。肩部做盖针接合，胁部和袖下做挑针缝合。衣袖与身片之间做引拔缝合。

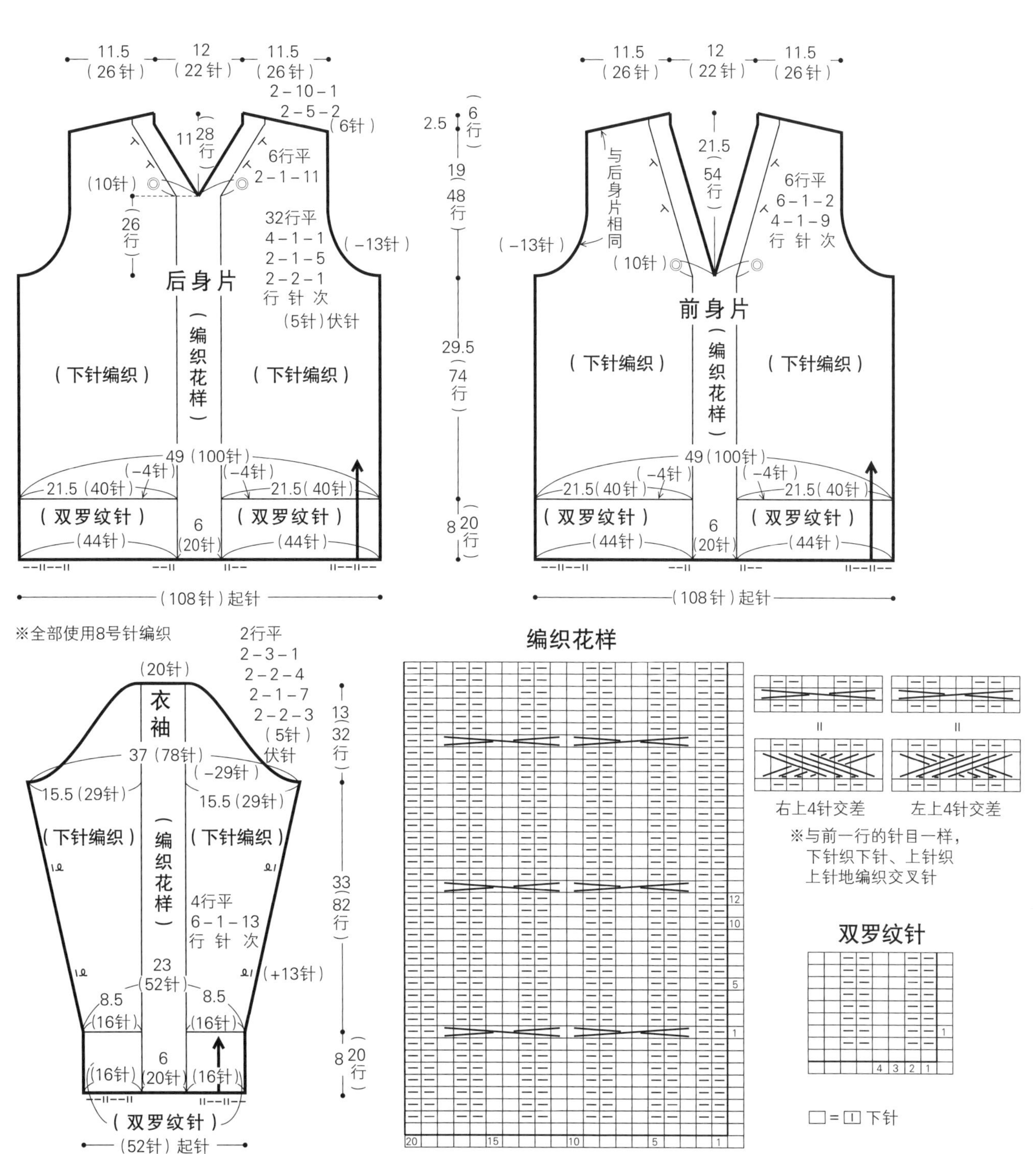

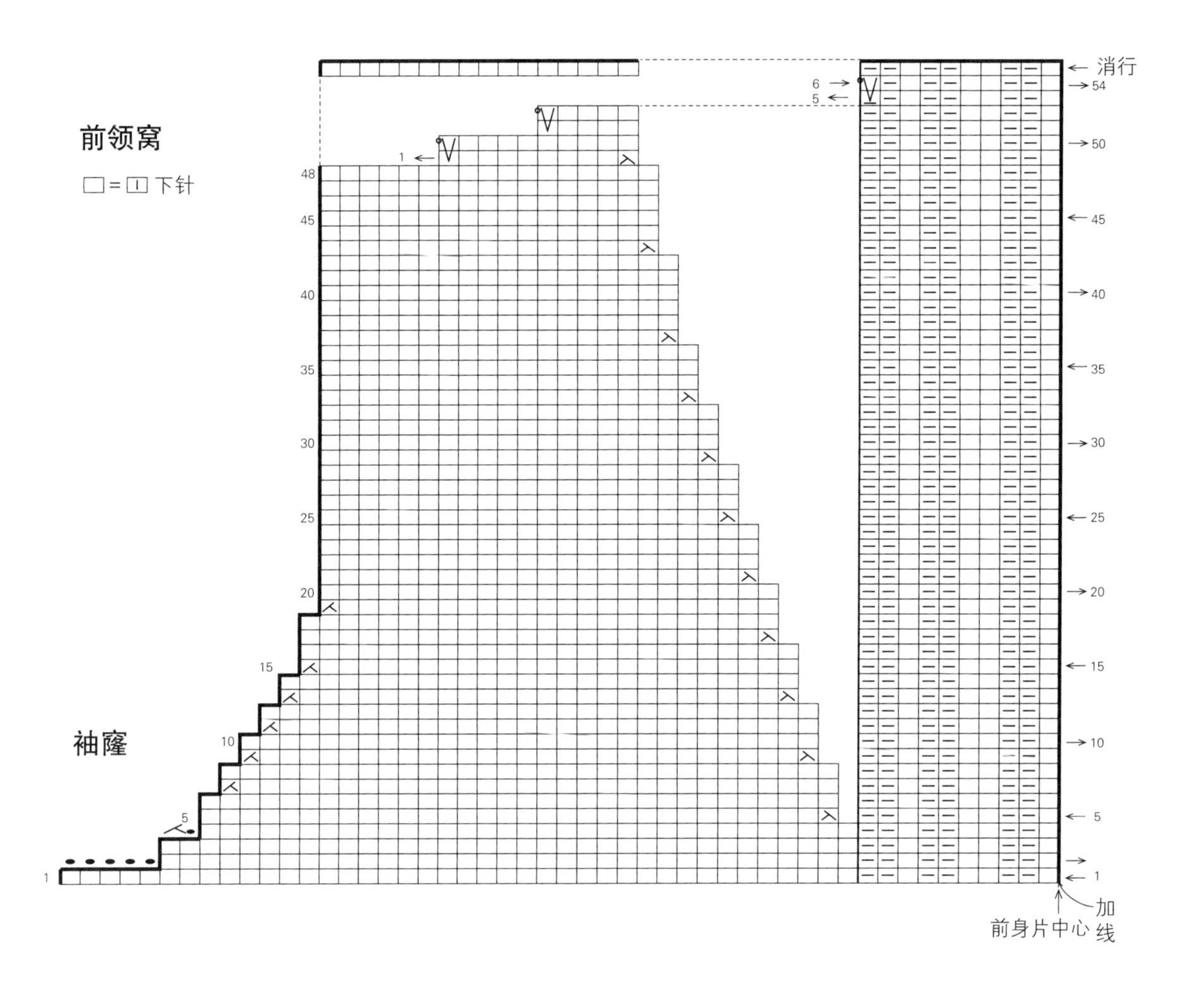

前领窝
□=⊡ 下针
袖窿
消行
54
50
45
40
35
30
25
20
15
10
5
1
48
前身片中心
加线


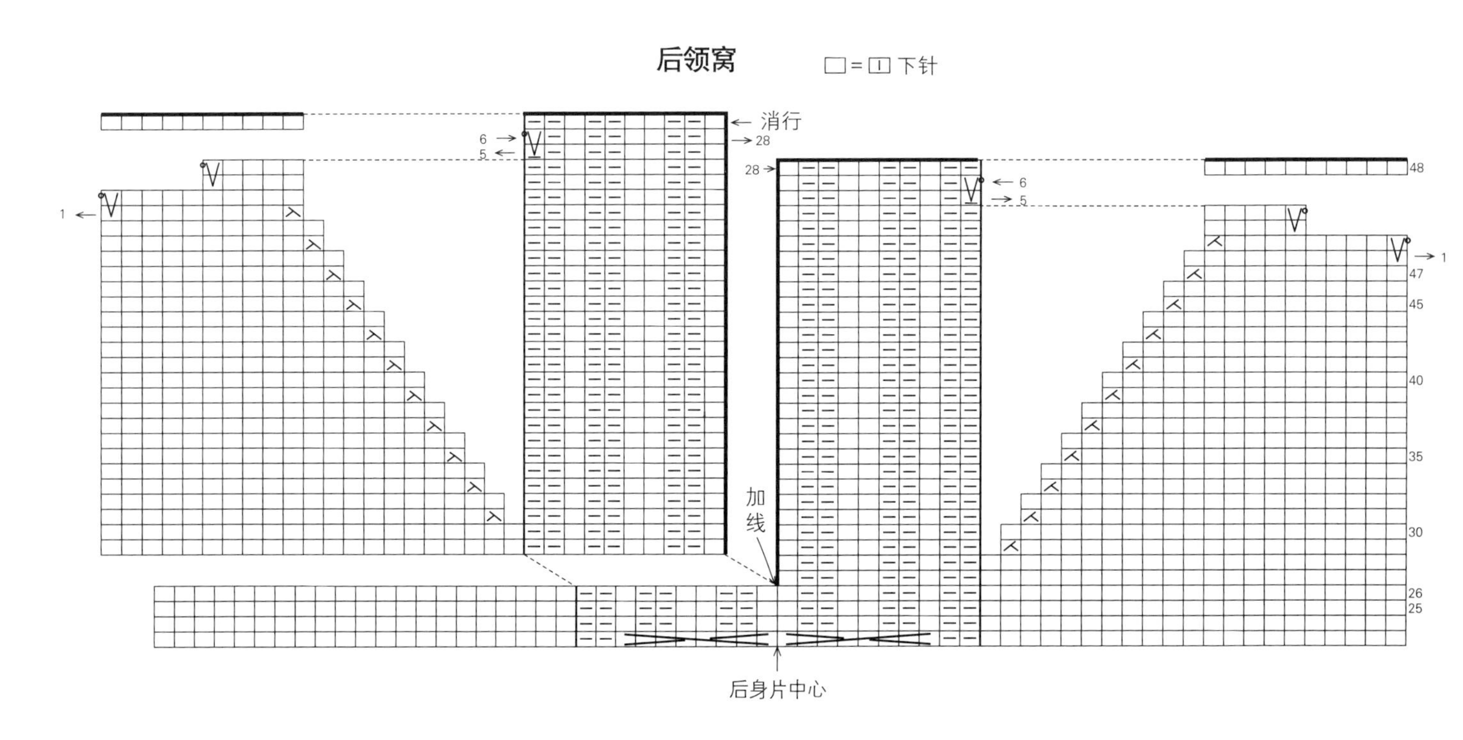

后领窝
□=⊡ 下针
消行
28
48
47
45
40
35
30
26
25
加线
后身片中心

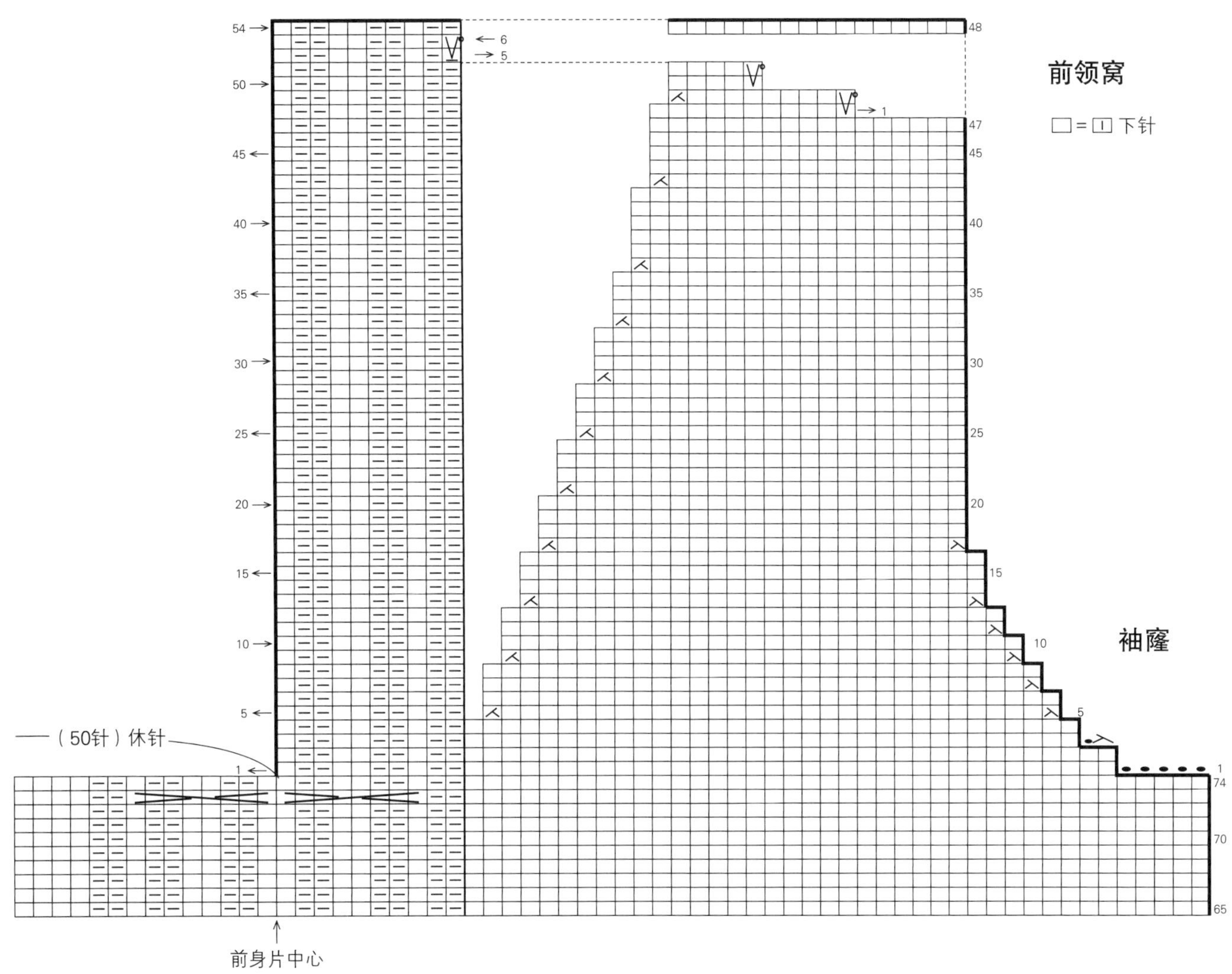


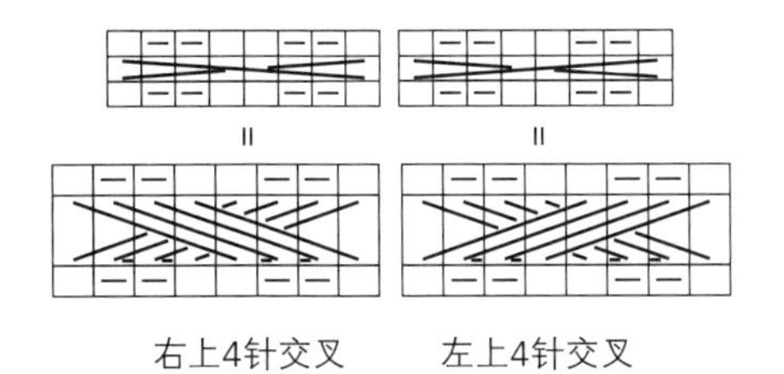


※与前一行的针目一样，
下针织下针、上针织
上针地编织交叉针

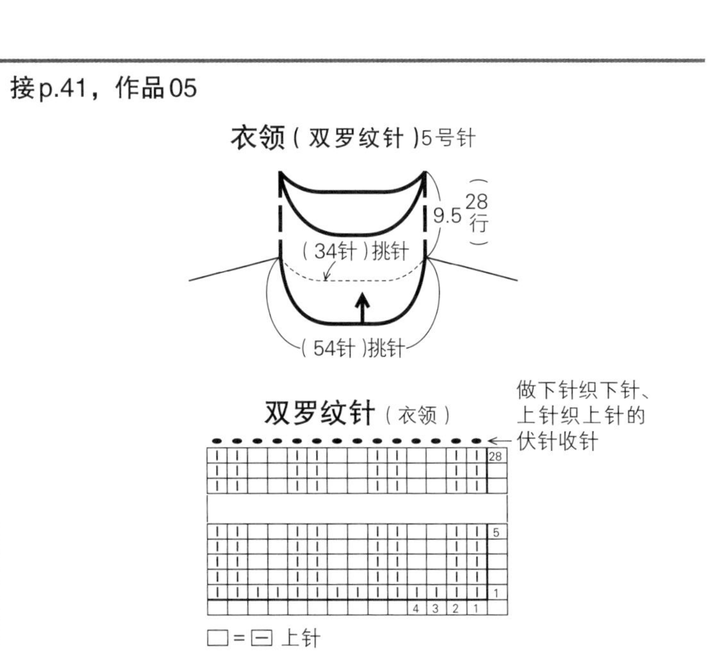

## 03

p.5

**■材料** Ski UK Blend Melange（极粗）黄色（8007）370g/10团

**■工具** 棒针10号、7号

**■成品尺寸** 胸围104cm，衣长56cm，连肩袖长31cm

**■编织密度** 10cm×10cm面积内：下针编织17.5针，23行；编织花样18针，23行

**■编织要点** 身片另线锁针起针后，按下针编织和编织花样编织。领窝减2针及以上时做伏针减针，减1针时立起边针减针。下摆解开起针的另线锁针挑针，平均减针后编织双罗纹针，结束时做下针织下针、上针织上针的伏针收针。前、后身片的肩部做盖针接合，胁部做挑针缝合。衣领一边如图所示立起前身片中心的2针减针，一边环形编织双罗纹针，结束时做下针织下针、上针织上针的伏针收针。袖口也是环形编织双罗纹针。

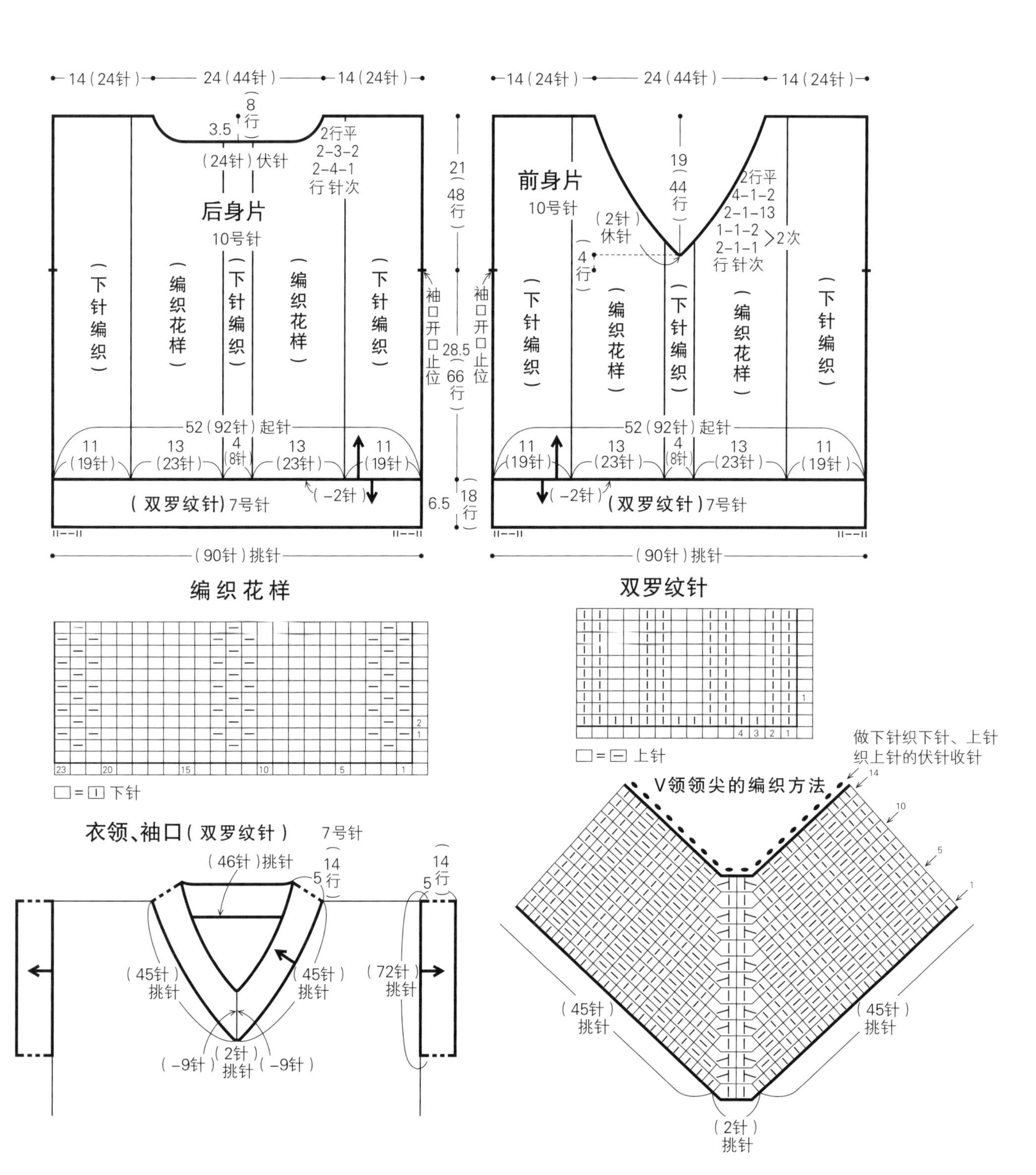

# 05

p.7

■**材料**　Ski Trueno( 粗 )浅米色系段染( 2711 ) 300g/10团

■**工具**　棒针6号、5号

■**成品尺寸**　胸围100cm，肩宽36cm，衣长61cm，袖长52.5cm

■**编织密度**　10cm×10cm面积内：下针编织20.5针，26.5行

■**编织要点**　身片和衣袖均手指挂线起针，如图所示排列双罗纹针和编织花样开始编织。在花样的切换位置减针，接着做下针编织。袖窿、领窝、袖山减2针及以上时做伏针减针，减1针时立起边针减针。斜肩做留针的引返编织。袖下在边上1针的内侧做扭针加针。肩部做盖针接合。衣领环形编织双罗纹针，结束时松松地做下针织下针、上针织上针的伏针收针。胁部和袖下做挑针缝合，衣袖与身片之间做引拔缝合。

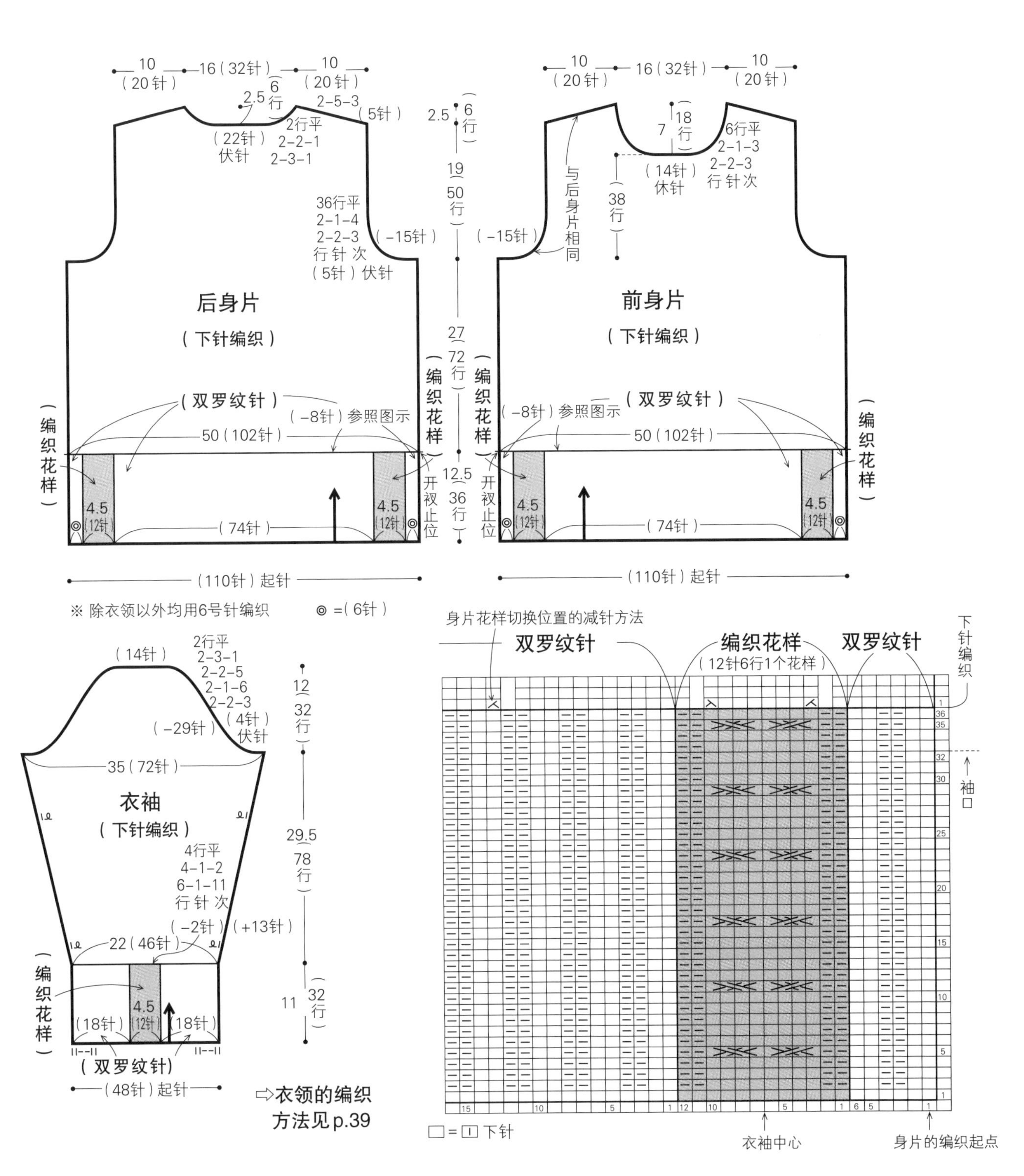

# 04

p.6

**■材料** Ski Tasmanian Polwarth（粗）米色（7025）400g/10团

**■工具** 棒针6号、5号

**■成品尺寸** 胸围100cm，衣长50cm，连肩袖长58cm

**■编织密度** 10cm×10cm面积内：下针编织22针，30行；编织花样A 38针，35行

**■编织要点** 身片手指挂线起针后编织双罗纹针，从花样切换位置开始做下针编织。领窝减2针及以上时做伏针减针，减1针时立起边针减针。衣袖与身片一样起针后开始编织双罗纹针，然后按编织花样A无须加减针继续编织，结束时一边减针一边做伏针收针。前、后身片的肩部做引拔接合。衣领一边调整编织密度一边按编织花样B编织，最后做下针织下针、上针织上针的伏针收针。衣袖与身片之间做引拔接合，胁部和袖下做挑针缝合。

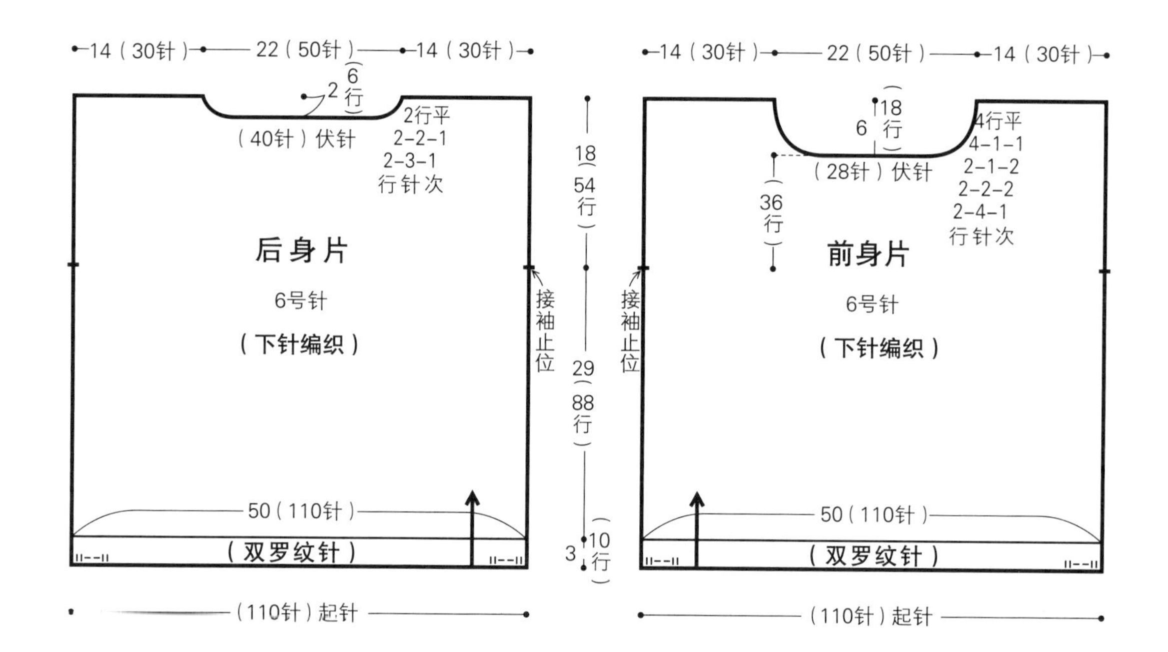


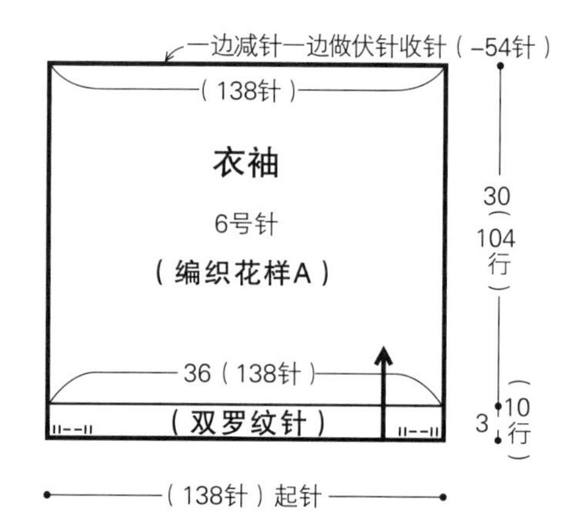


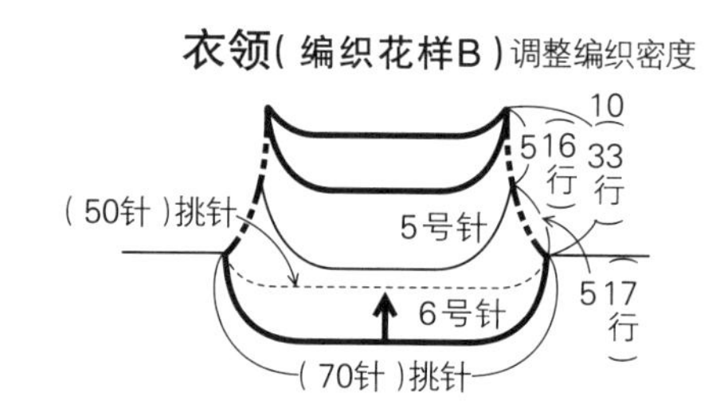

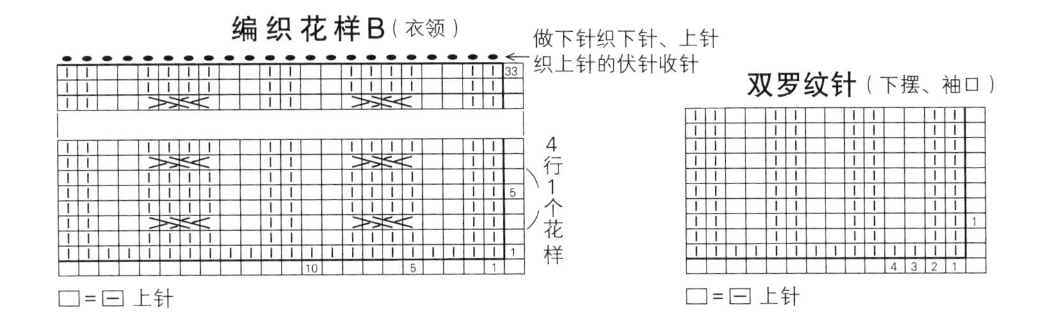


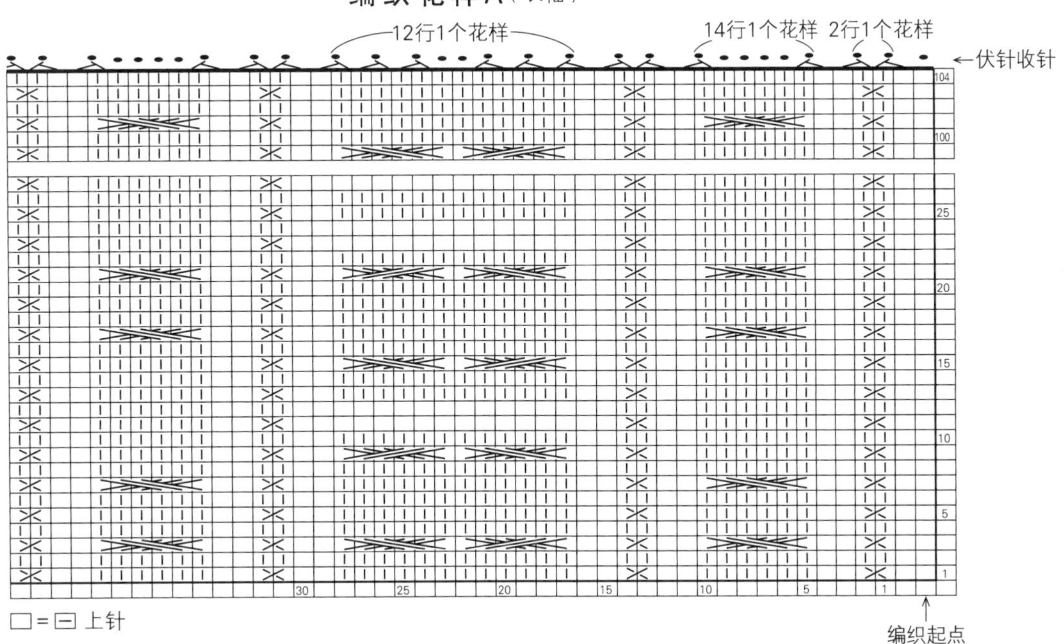


左上1针交叉

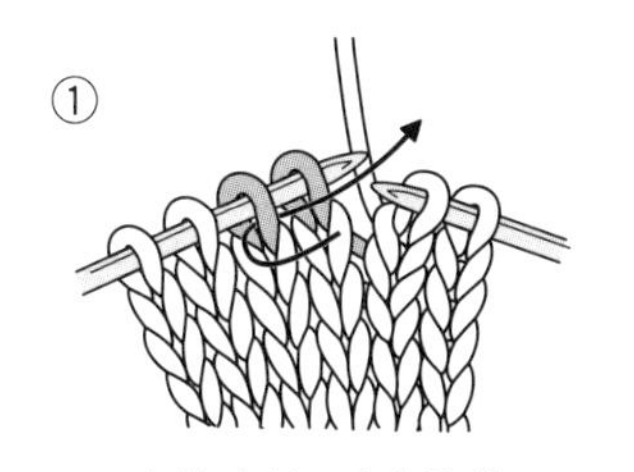

① 如箭头所示在左边的针目里插入右棒针。

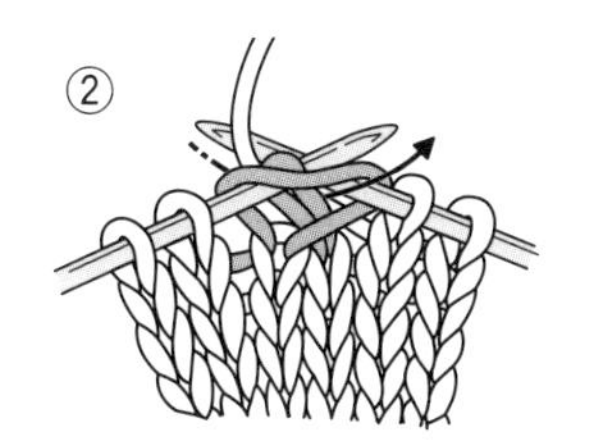

② 编织下针。

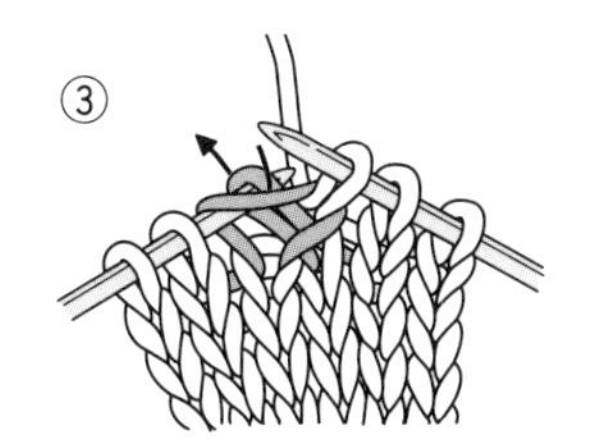

③ 再编织右边的针目。

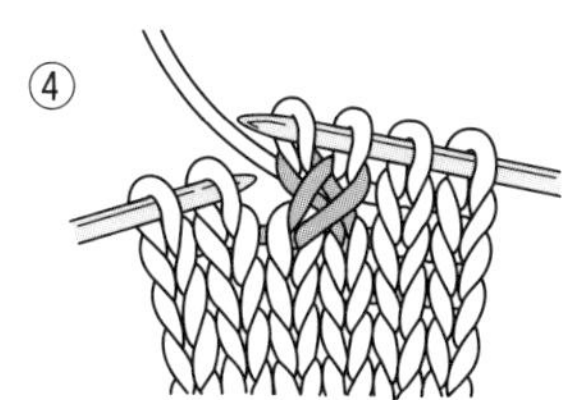

④ 左上1针交叉就完成了。

# 06

p.9

■**材料** Ski Fraulein（中粗）深藏青色（2949）360g/9团

■**工具** 钩针6/0号

■**成品尺寸** 胸围104cm，衣长52cm

■**花片大小** 6.5cm×6.5cm

■**编织要点** 花片在钩织8针锁针连接成环形后开始钩织，在第2行钩织得接近正方形。按1~128的顺序，从前身片到后身片一边钩织花片一边做连接。领口部分要分成左右两边钩织。花片的连接方法是：钩织连接针目后暂时从钩针上取下针目，在相邻的连接针目上方入针，将刚才取下的针目拉出后继续钩织。细绳按“锁针和3针长长针的枣形针”钩织4条，用编织起点的线头缝在身片的指定位置。

**后身片（连接花片）**

| | | | | | | | |
|---|---|---|---|---|---|---|---|
| 128 | 127 | 126 | 125 | 124 | 123 | 122 | 121 |
| 120 | 119 | 118 | 117 | 116 | 115 | 114 | 113 |
| 112 | 111 | 110 | 109 | 108 | 107 | 106 | 105 |
| 104 | 103 | 102 | 101 | 100 | 99 | 98 | 97 |
| 96 | 95 | 94 | 93 | 92 | 91 | 90 | 89 |
| 88 | 87 | 86 | 85 | 84 | 83 | 82 | 81 |
| 80 | 79 | 78 | 77 | 60 | 59 | 58 | 57 |
| 76 | 75 | 74 | 73 | 56 | 55 | 54 | 53 |
| 72 | 71 | 70 | 69 | 52 | 51 | 50 | 49 |
| 68 | 67 | 66 | 65 | 48 | 47 | 46 | 45 |
| 64 | 63 | 62 | 61 | 44 | 43 | 42 | 41 |
| 40 | 39 | 38 | 37 | 36 | 35 | 34 | 33 |
| 32 | 31 | 30 | 29 | 28 | 27 | 26 | 25 |
| 24 | 23 | 22 | 21 | 20 | 19 | 18 | 17 |
| 16 | 15 | 14 | 13 | 12 | 11 | 10 | 9 |
| 8 | 7 | 6 | 5 | 4 | 3 | 2 | 1 |

**前身片**

缝细绳的位置　缝细绳的位置　领口　肩线　肩线　32.5（5片）　52（8片）　52（8片）　6.5　6.5　缝细绳的位置　缝细绳的位置

52（8片）

**细绳** 4根

※ 全部使用6/0号针钩织

※ 1~128表示连接的顺序

※ 细绳用编织起点的线头缝在身片的指定位置

※ 钩织连接针目后暂时从钩针上取下针目，在相邻的连接针目上方入针，将刚才取下的针目拉出后继续钩织

**花片** 128片

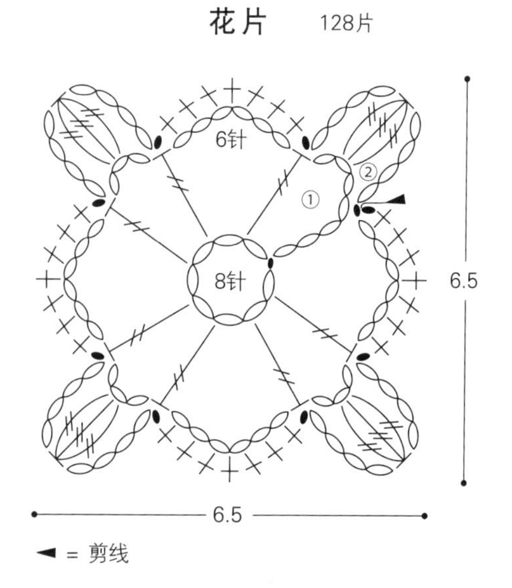


◄ = 剪线

**花片的连接方法**

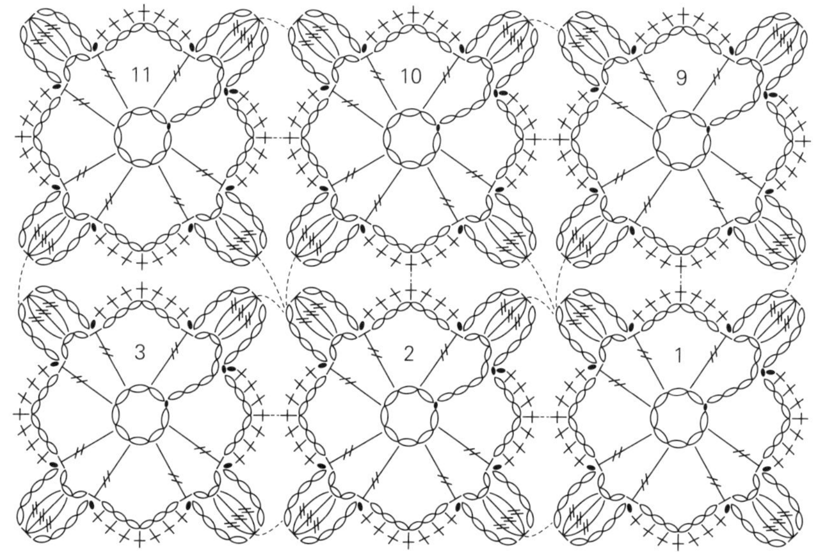

# 08

p.11

■**材料**　Ski Merino Silk（粗）深粉色（2620）260g/9团

■**工具**　钩针5/0号

■**成品尺寸**　胸围96cm，肩宽38cm，衣长62cm

■**编织密度**　编织花样的1个花样6.5cm×3.1cm

■**花片大小**　6cm×6cm

■**编织要点**　从育克的花片部分开始钩织。花片A在钩织4针锁针连接成环形后开始钩织，在第3行钩织成正方形。一边钩织花片，一边在最后一行与前面的花片做短针连接。后育克钩织并连接花片A1~18，前育克钩织并连接花片A19~32。肩部钩织花片A33、34，将前、后育克连接在一起。腋下和前领窝分别钩织并连接花片B，后领窝钩织并连接花片C。身片部分前后连起来从花片上挑针，第1行整理成直线，接着朝下摆方向按编织花样做环形的往返编织。下摆接着按边缘编织A钩织。领口和袖窿按边缘编织B环形编织。

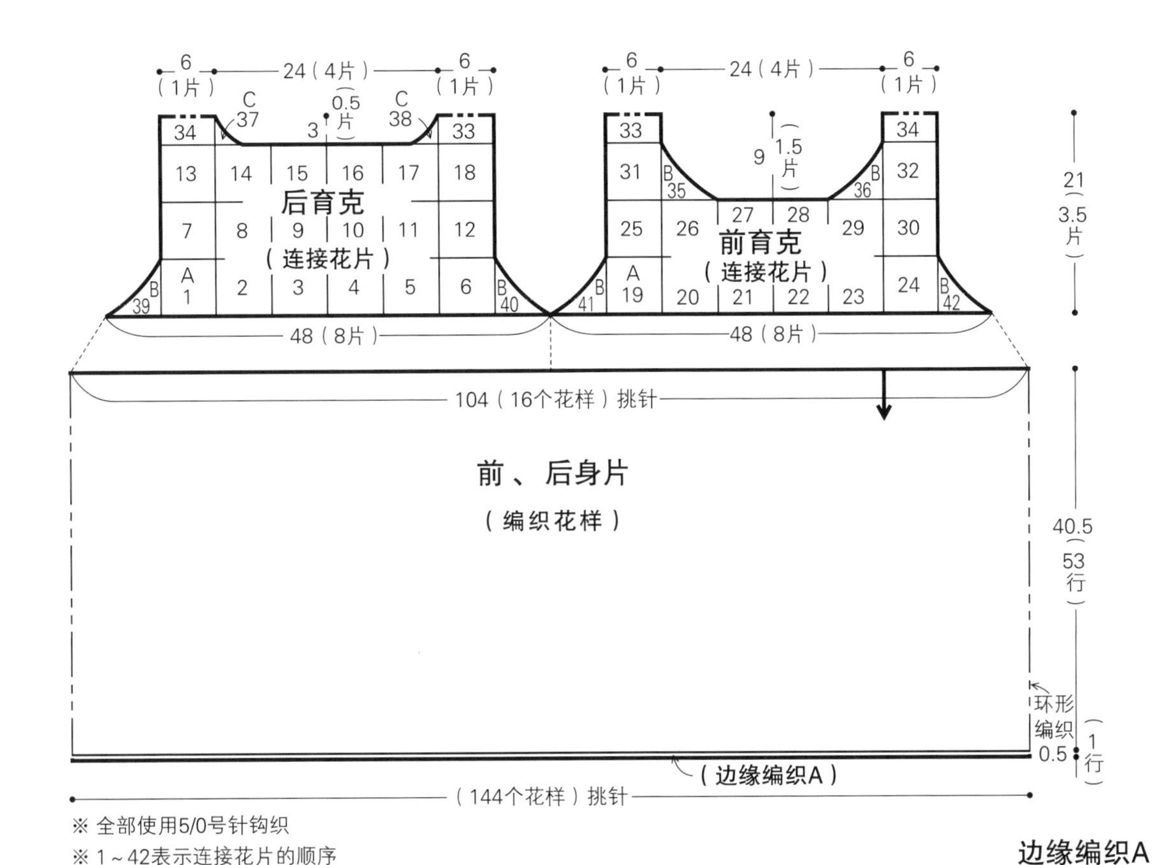


※ 全部使用5/0号针钩织

※ 1～42表示连接花片的顺序

## 边缘编织A

1个花样

## 领口、袖窿（边缘编织B）

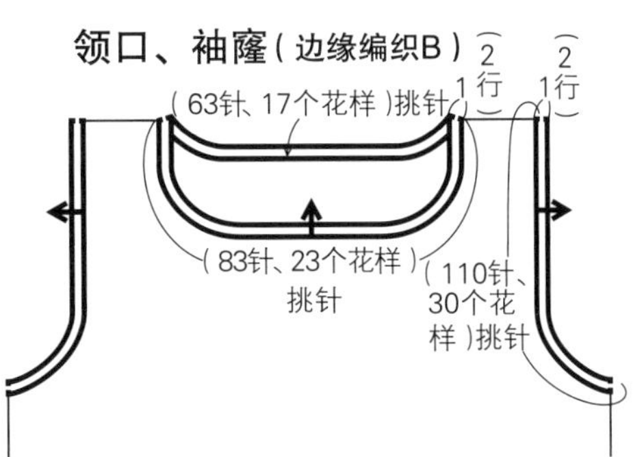


## 边缘编织B

※ 第1行的花样有2针锁针和3针锁针之分，请参照其他图示钩织

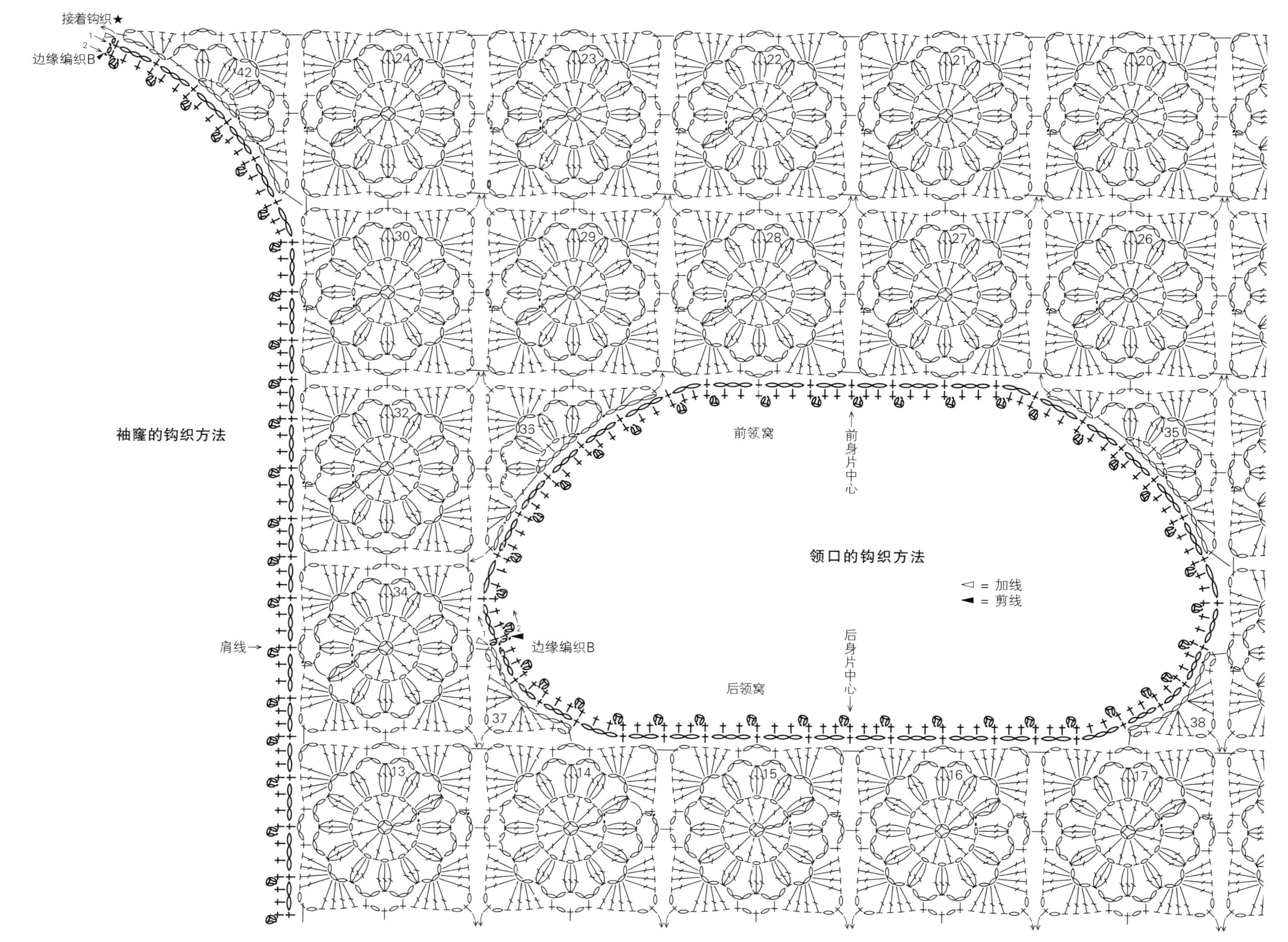

接着钩织★
边缘编织B
袖窿的钩织方法
肩线
前领窝
前身片中心
领口的钩织方法
◁ = 加线
◀ = 剪线
边缘编织B
后领窝
后身片中心

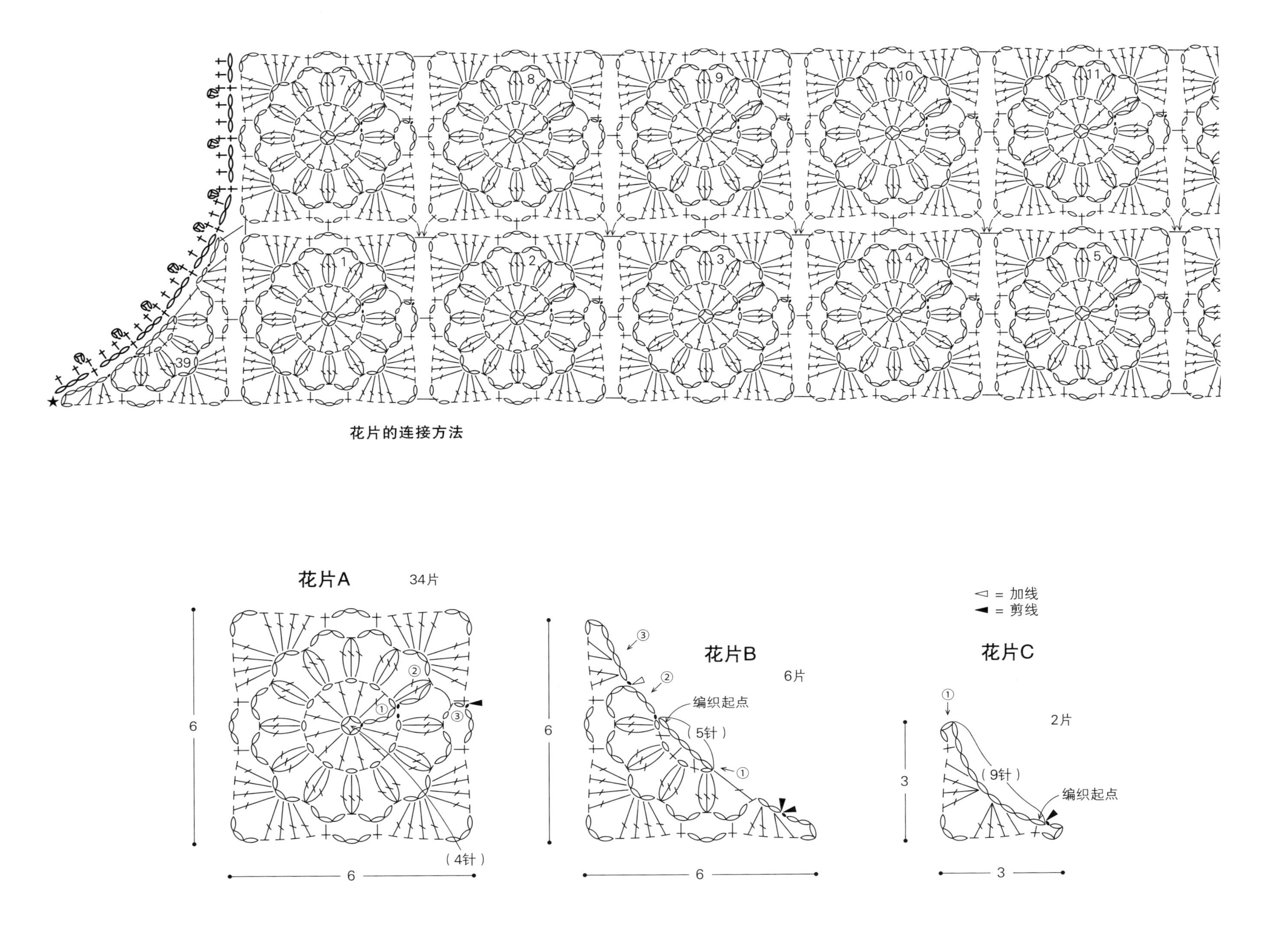
花片的连接方法
花片A
34片
(4针)
花片B
6片
编织起点
(5针)
▽ = 加线
▼ = 剪线
花片C
2片
(9针)
编织起点

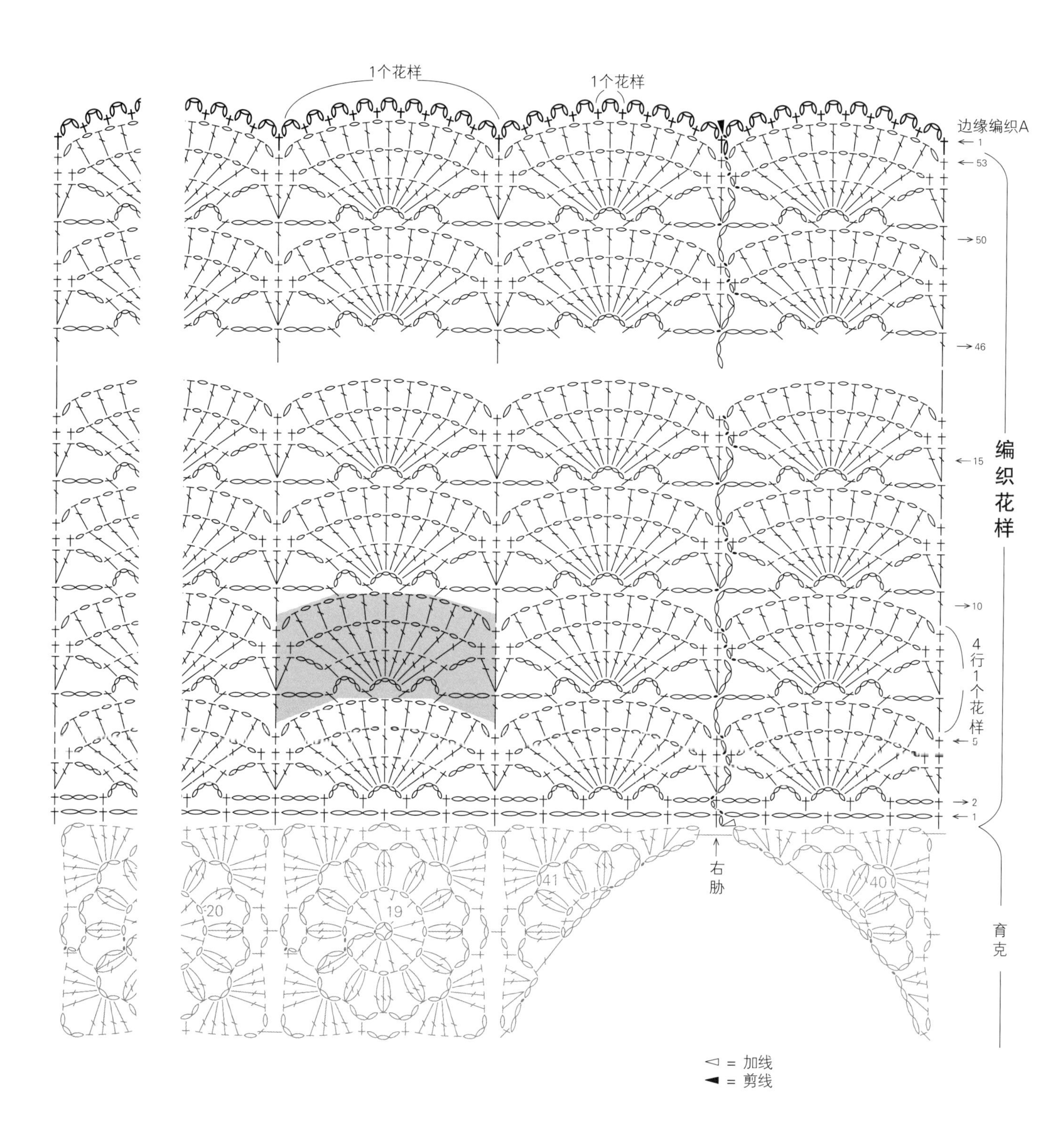

1个花样
1个花样
边缘编织A
1
53
50
46
编织花样
15
10
4行1个花样
5
2
1
右胁
育克
20
19
41
40
◁ = 加线
◀ = 剪线

# 10

p.13

**■材料** Ski Lobel( 中粗 )粉色系段染线( 8101 ) 200g/7团，直径2cm的纽扣4颗

**■工具** 棒针8号，钩针6/0号

**■成品尺寸** 胸围100cm，衣长51.5cm，连肩袖长25cm

**■编织密度** 10cm×10cm面积内：编织花样18针，24.5行

**■花片大小** 直径6cm的圆形

**■编织要点** 前、后身片的形状相同。在下摆手指挂线起针后编织扭针的单罗纹针，从花样切换位置开始按编织花样编织，两肋的6针接着编织扭针的单罗纹针。领窝处将中间的2针休针，立起边上的3针减针。斜肩做留针的引返编织。花片在中心环形起针后钩织3行，按顺序一边钩织一边与相邻花片做引拔连接。在育克的侧边钩织边缘编织，然后将上面的锁针与身片的领窝做挑针缝合。身片的肩部做盖针接合，花片部分做卷针缝缝合。在花片的领窝钩织网格针边缘。有的位置钩织方法不同，请参照图示钩织。

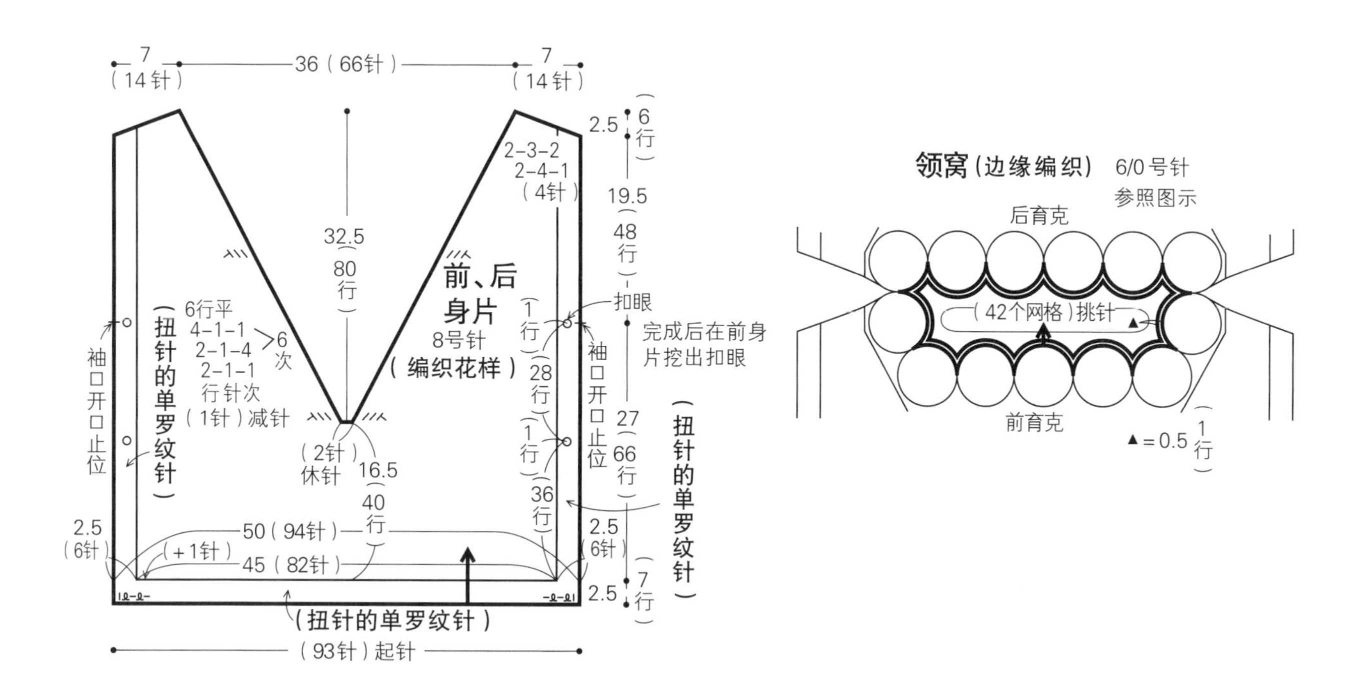


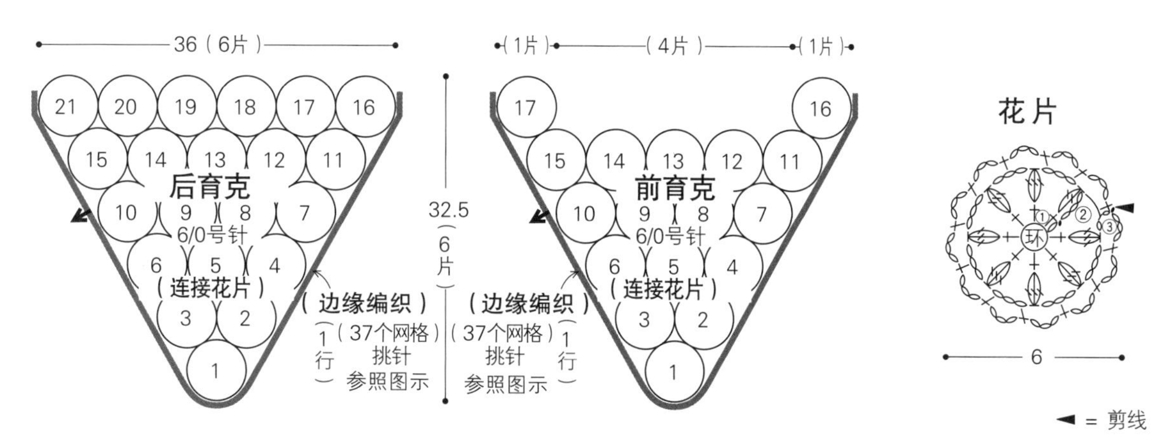


※花片内的数字表示连接的顺序

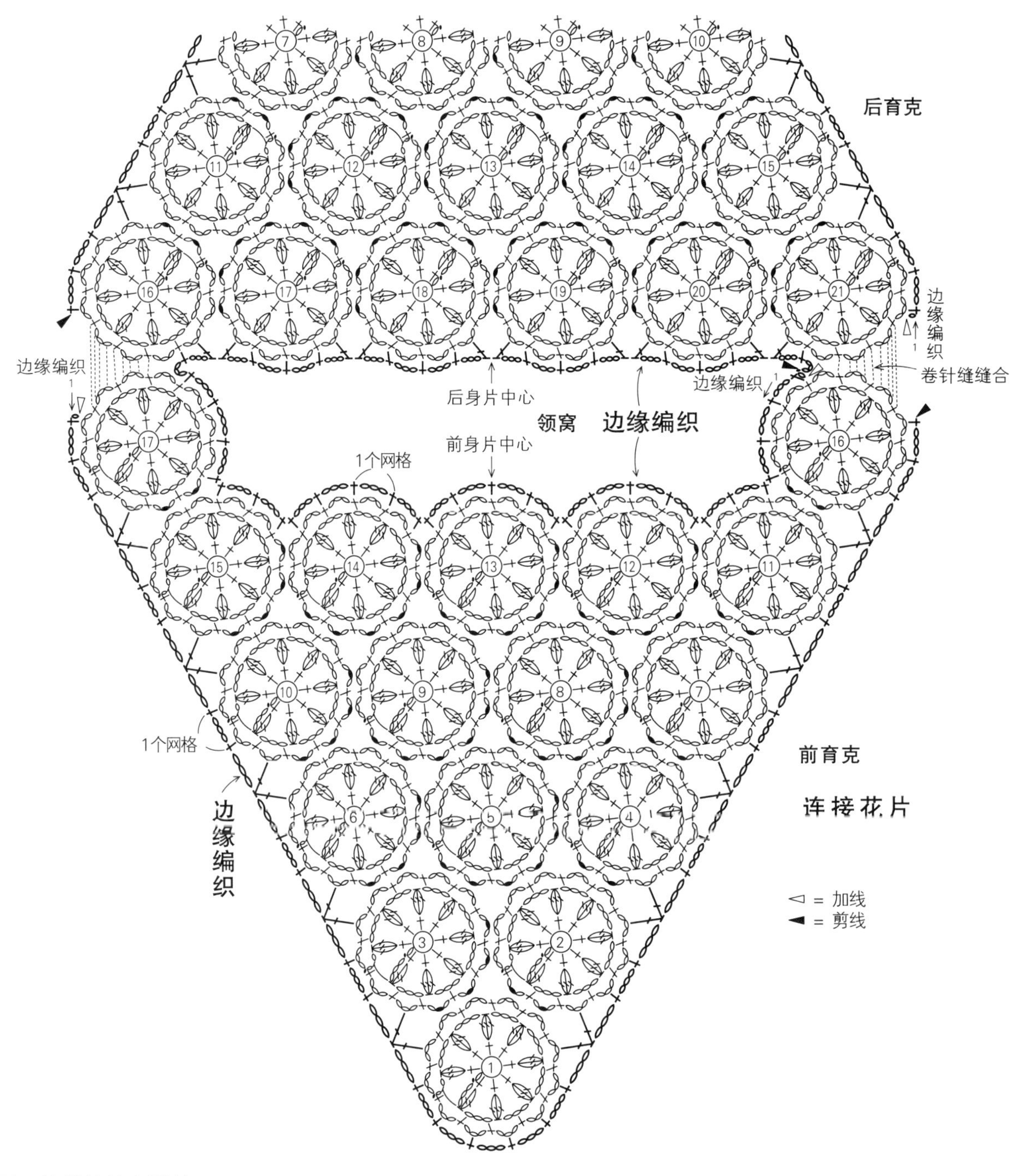


3针长针的枣形针

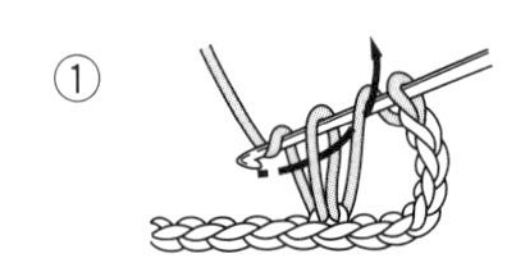

① 引拔穿过针头的2个线圈，钩织1针未完成的长针。

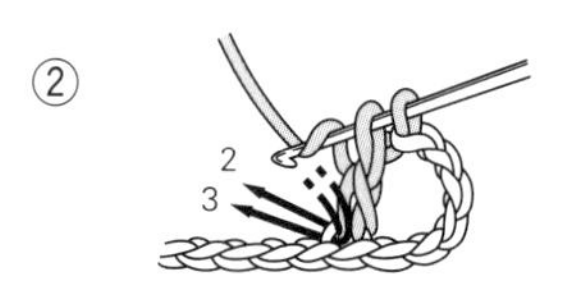

② 在同一个针目里插入钩针，再钩织2针未完成的长针。

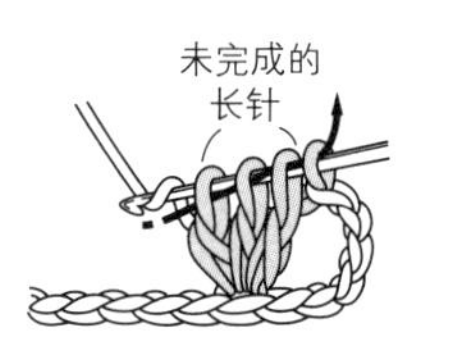


③ 针头挂线，如箭头所示一次性引拔穿过4个线圈。

④ 完成。钩织下一针后，枣形针的头部就稳定下来了。

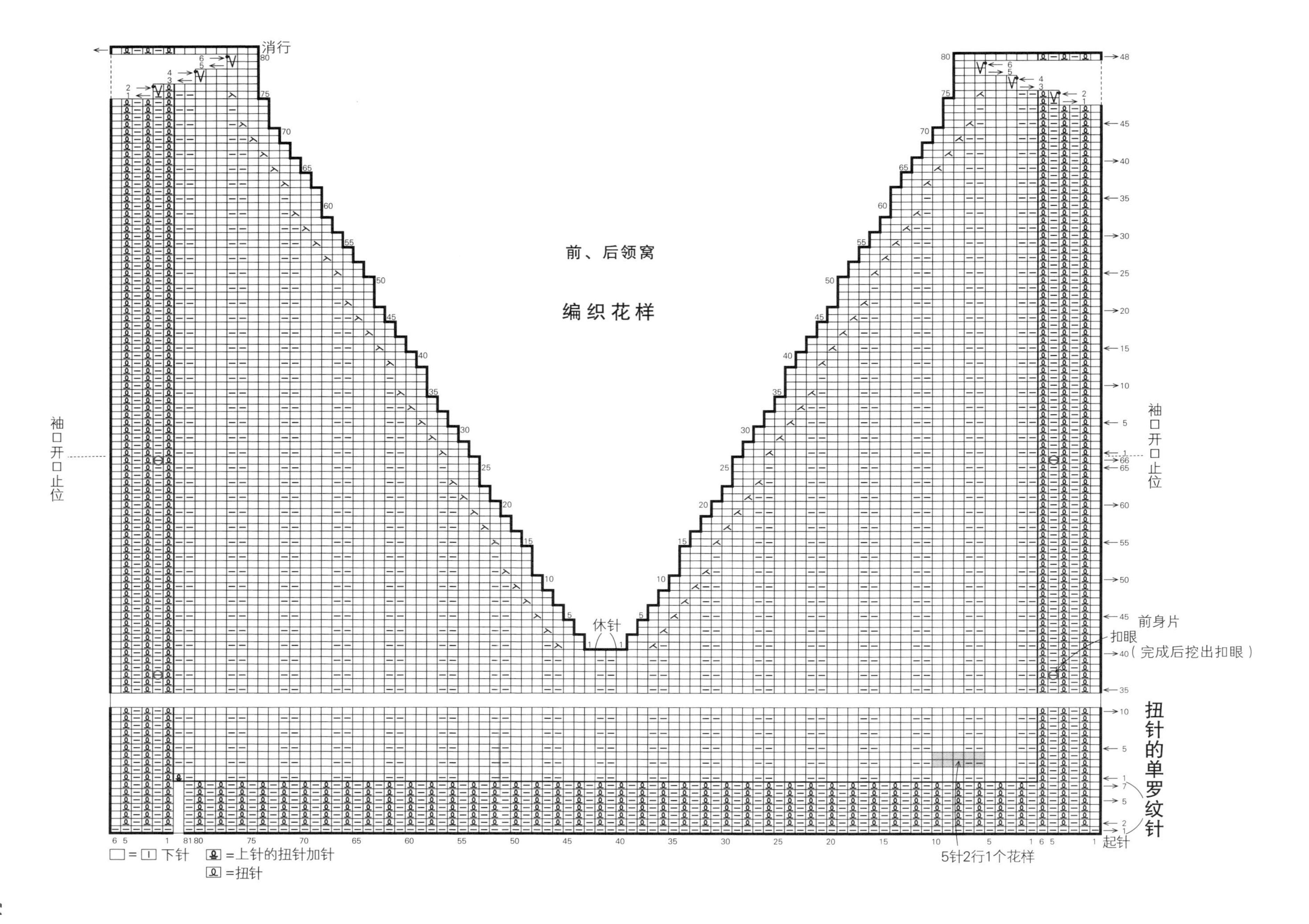

前、后领窝
编织花样
消行
袖口开口止位
休针
前身片
扣眼
（完成后挖出扣眼）
扭针的单罗纹针
起针
5针2行1个花样
□=Ⅰ 下针
Ձ=上针的扭针加针
Ձ=扭针

# 07

p.10

■**材料** Sock80（中细）蓝色系、褐色（3）310g/4团

■**工具** 钩针4/0号

■**成品尺寸** 胸围112cm，衣长59cm

■**编织密度** 10cm×10cm面积内：编织花样25针，12行

■**编织要点** 锁针起针后按编织花样钩织。领口留出中心的4针，分成左右两边继续钩织。前、后身片的肩部钩织引拔针和锁针接合，胁部在袖口开口止位与开衩止位之间钩织引拔针和锁针缝合。衣领分成左、右两边，分别从前、后身片上连续挑针钩织3行边缘编织。边缘编织的两端与身片做卷针接合。袖口环形编织边缘编织。开衩和下摆连起来钩织边缘编织，转角参照图示加针。将前身片下摆重叠在后身片下摆的上面，做好开衩止位的边缘处理。

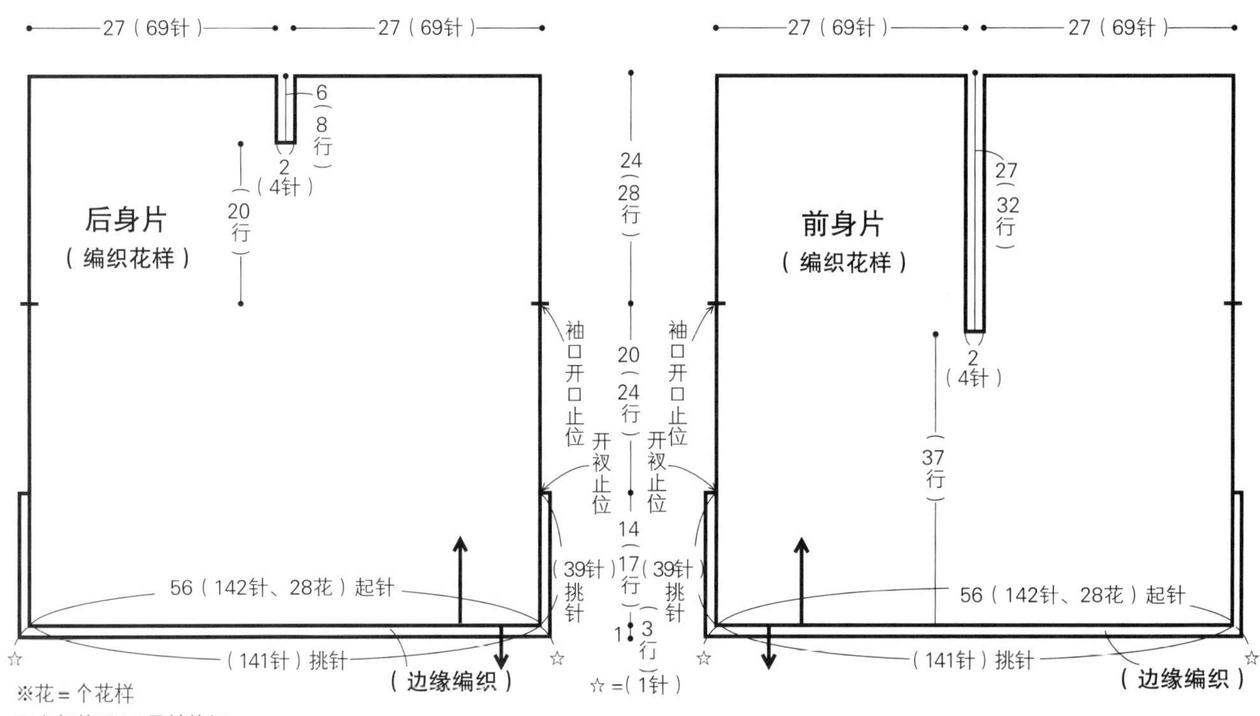


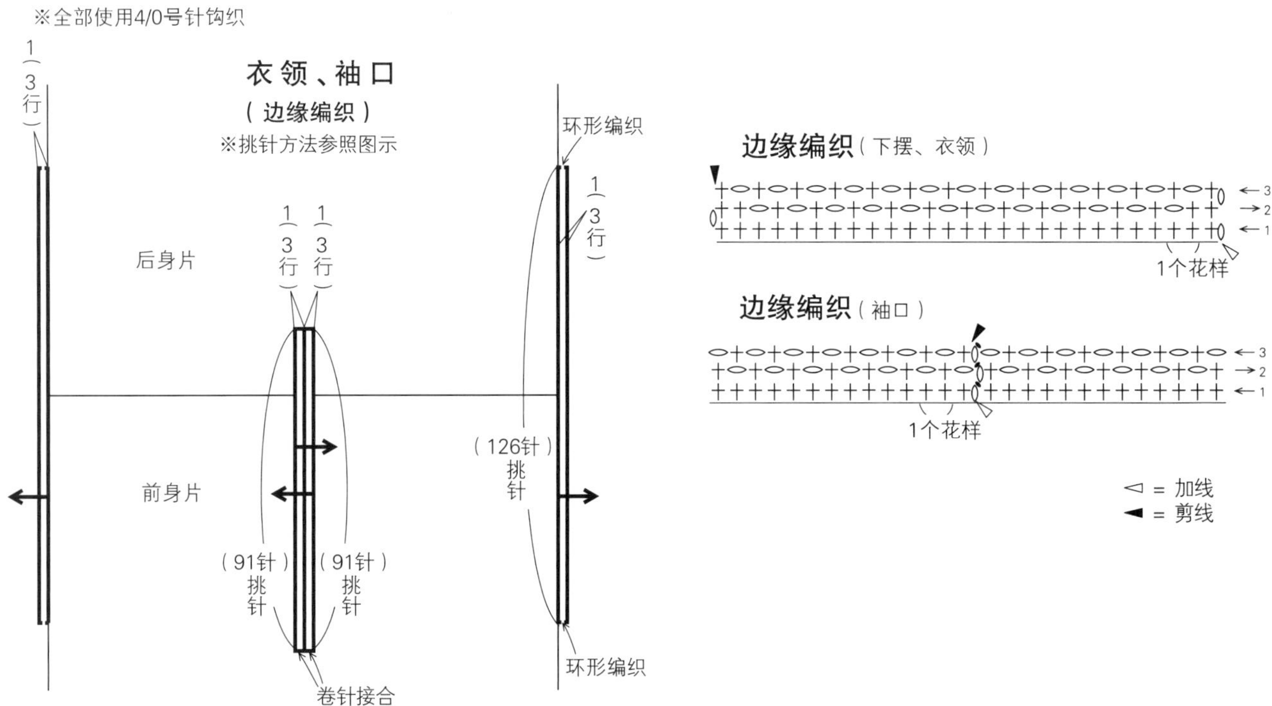

## 编织花样

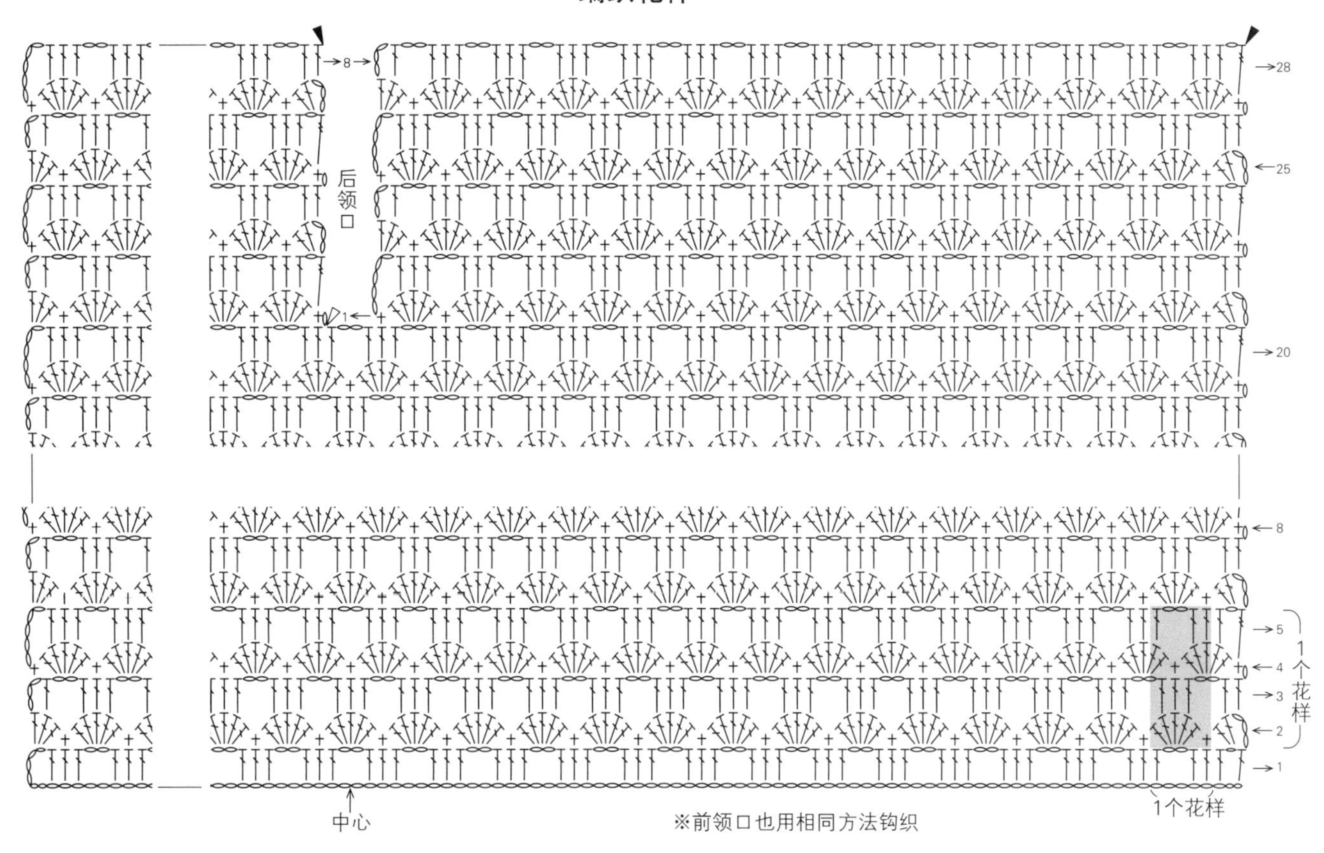


## 下摆边缘编织转角的挑针方法

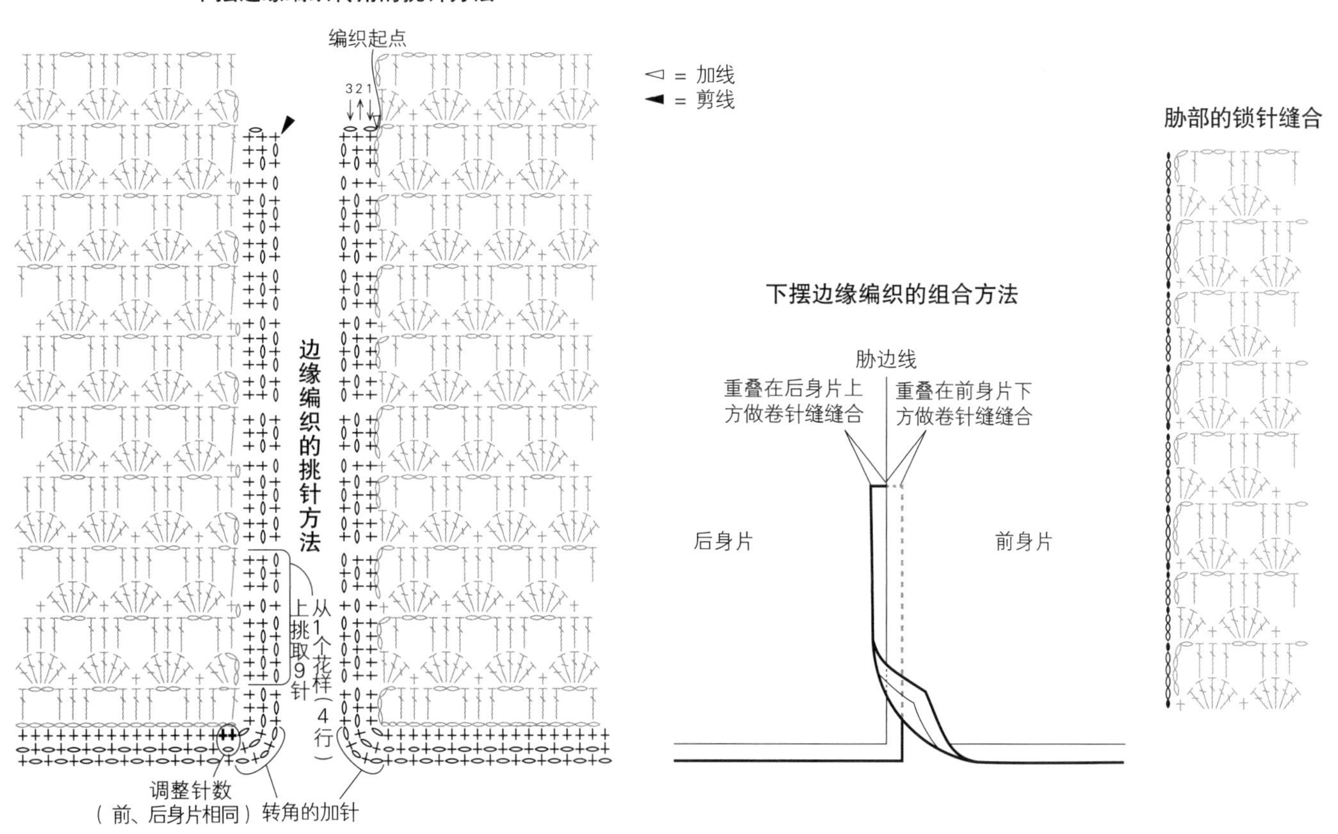

# 09

p.12

**■材料** Ski 风花（中细）粉红色（2017）220g/8团

**■工具** 钩针4/0号

**■成品尺寸** 胸围均码，衣长58.5cm，连肩袖长32.5cm

**■编织密度** 10cm×10cm面积内：编织花样27针，8.5行

**■编织要点** 在下摆锁针起针后，从锁针的半针和里山挑针，按编织花样开始钩织。编织花样中的长长针要将针脚拉得足够长。两侧的胁部参照图1加针，斜肩参照图2、后领窝参照图3、前领窝参照图4减针。前、后身片的肩部钩织短针和锁针接合。领口环形编织边缘编织，V领领尖如图所示减针。袖口和胁部前后连起来钩织边缘编织，袖口开口止位以下的胁部边缘编织钩织短针和锁针缝合。下摆从身片和胁部的边缘编织上挑针，环形编织边缘编织。

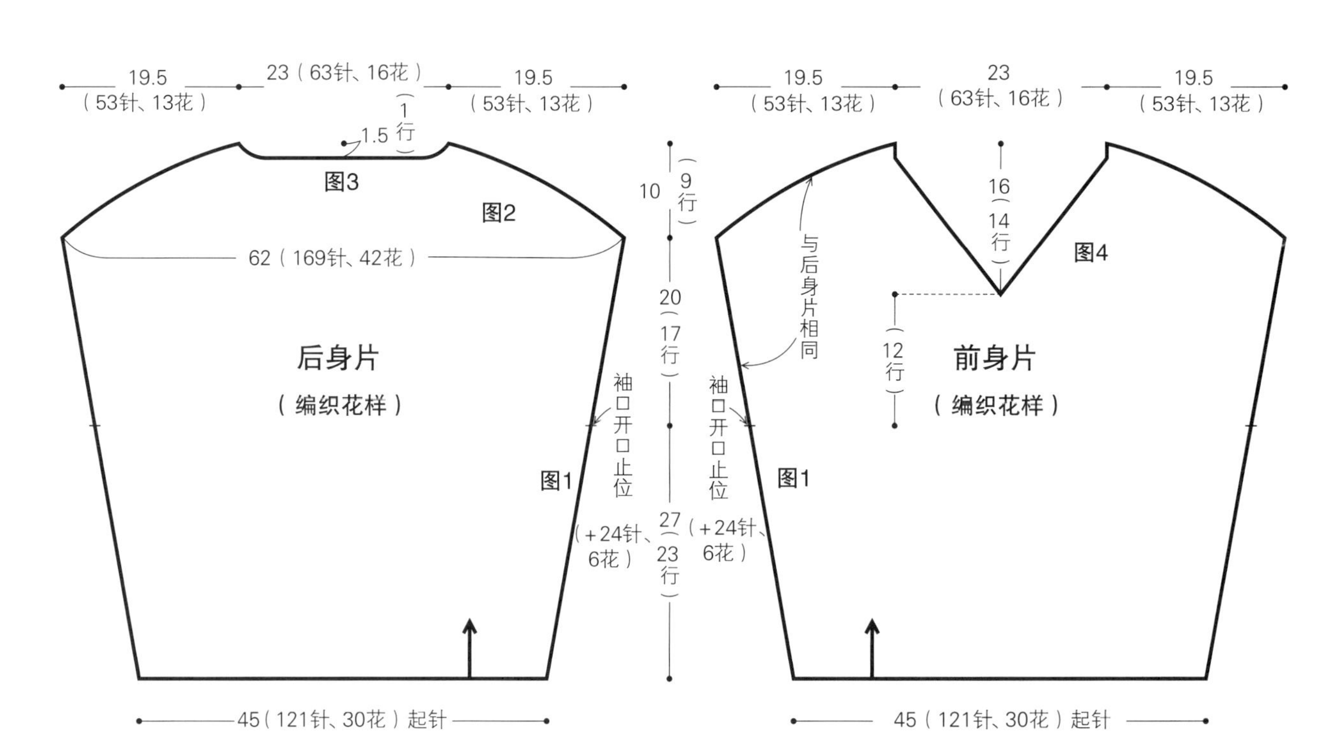


※ 全部使用4/0号针钩织

※ 花 ＝个花样

## 编织花样

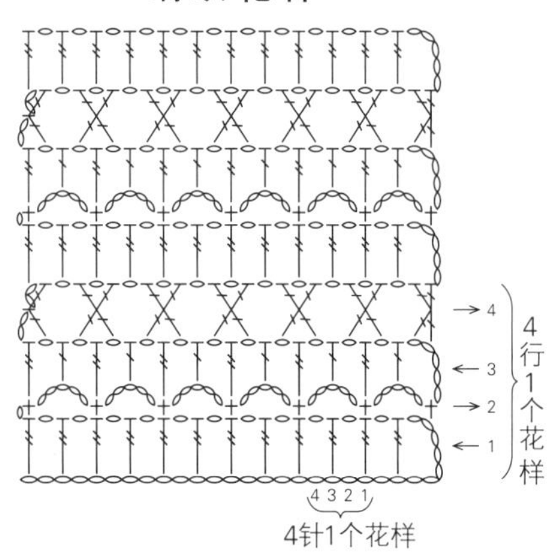


## 边缘编织

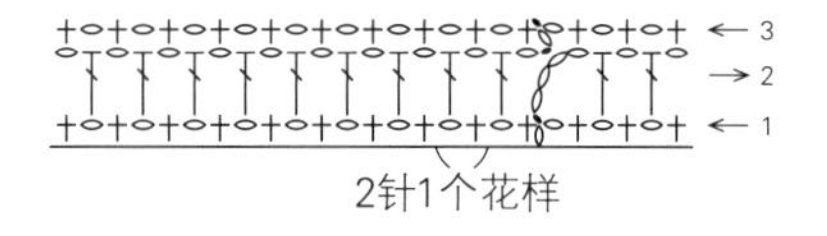


## 领口、袖口、胁部、下摆（边缘编织）

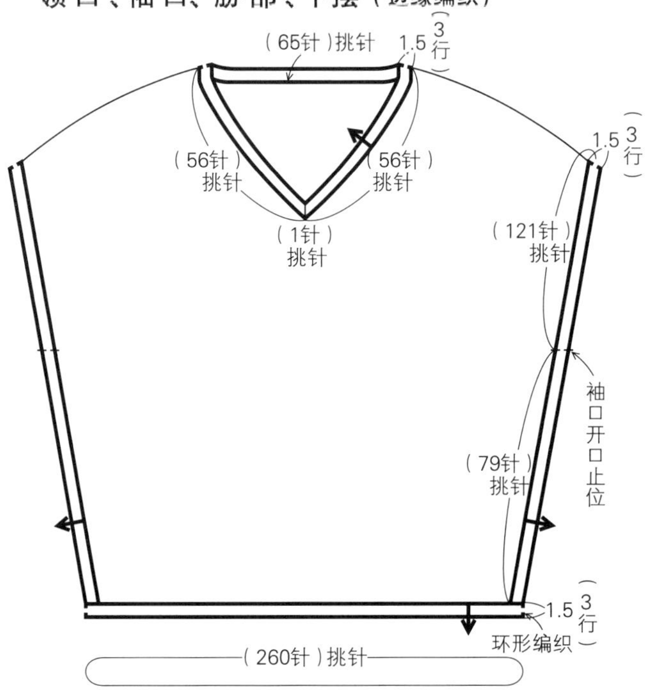

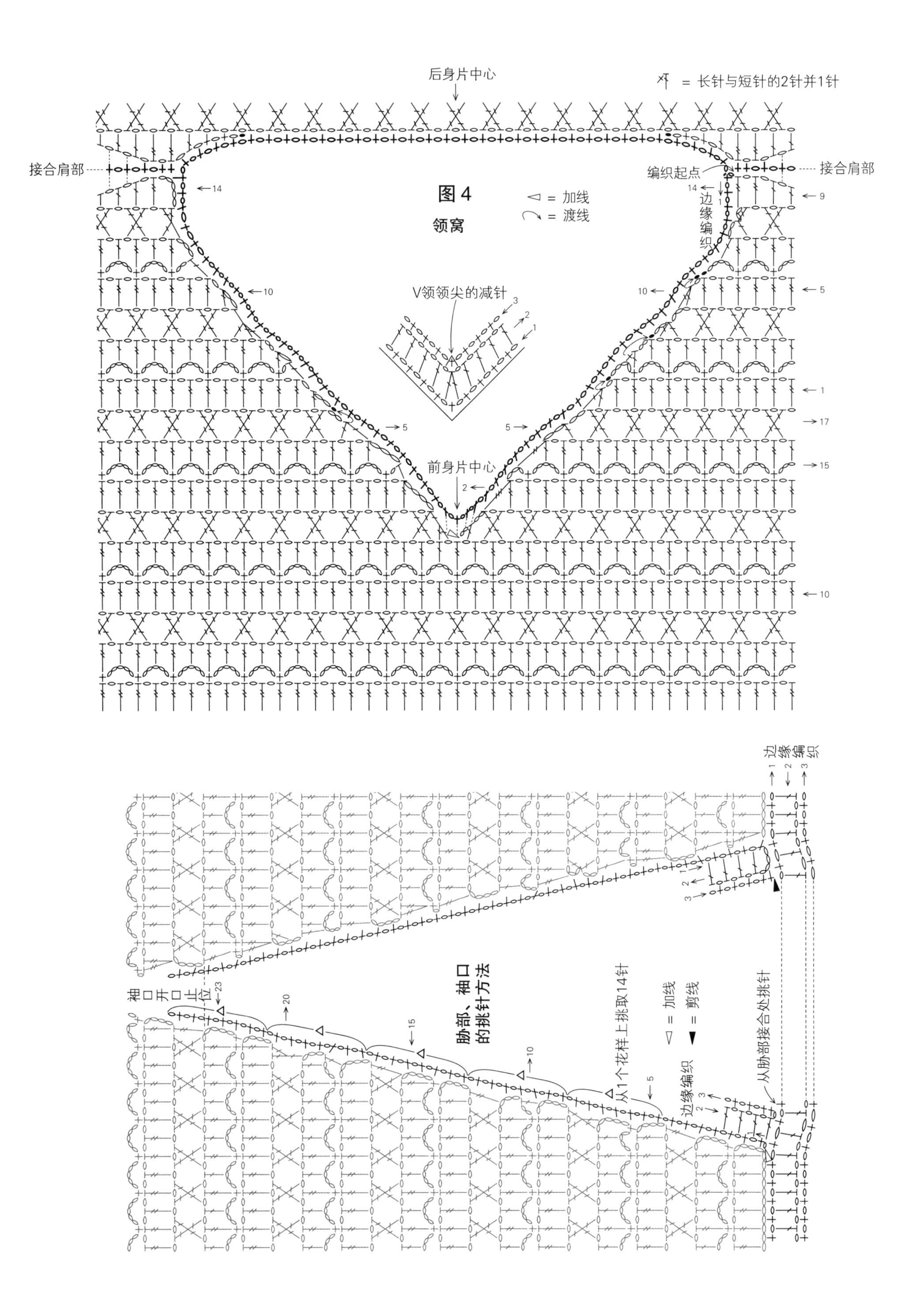

后身片中心
= 长针与短针的2针并1针
接合肩部
接合肩部
编织起点
图4
领窝
= 加线
= 渡线
边缘编织
V领领尖的减针
前身片中心
胁部、袖口的挑针方法
袖口开口止位
从1个花样上挑取14针
= 加线
= 剪线
边缘编织
从胁部接合处挑针
边缘编织

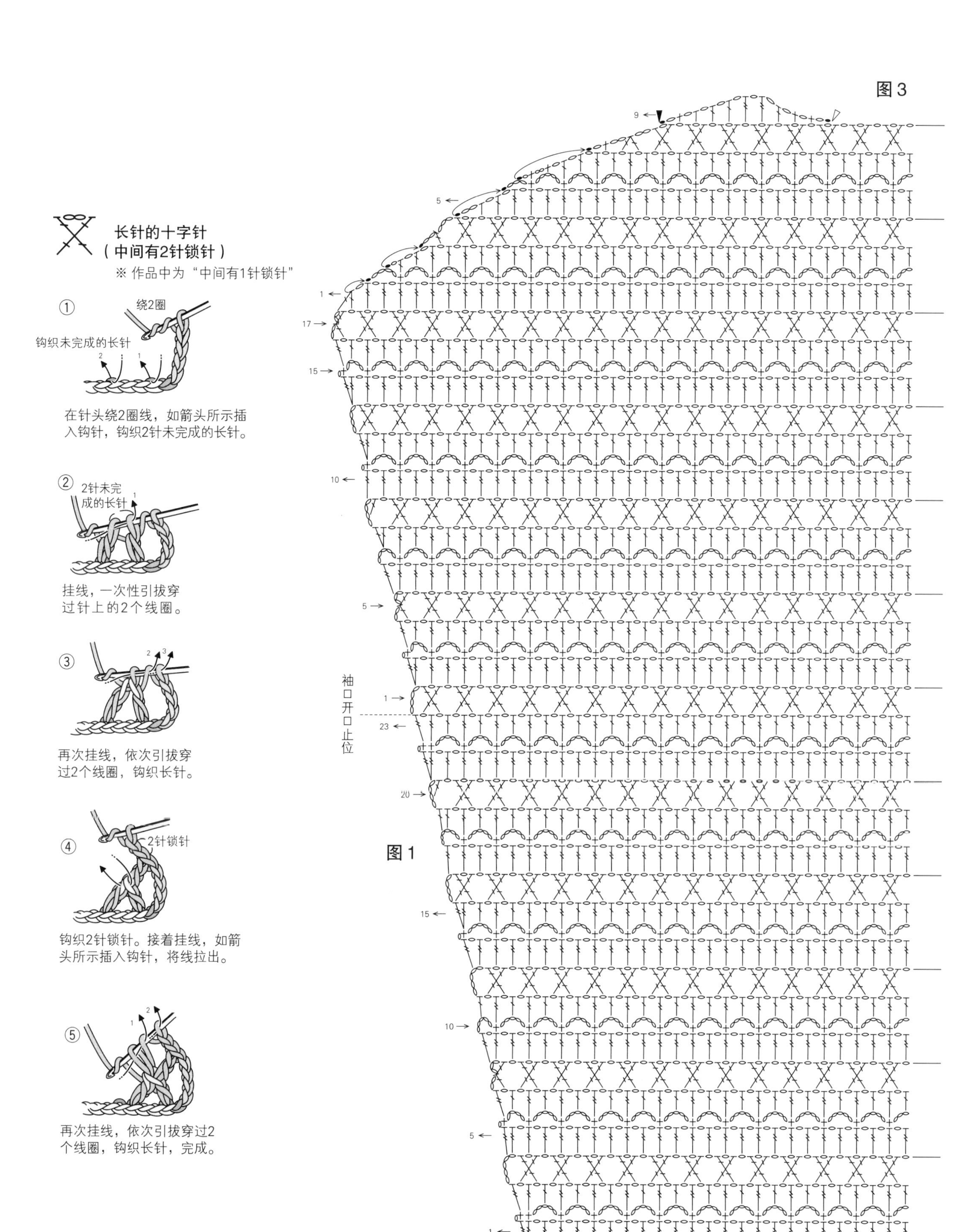

图 3
长针的十字针
（中间有2针锁针）
※ 作品中为“中间有1针锁针”
①
绕2圈
钩织未完成的长针
在针头绕2圈线，如箭头所示插入钩针，钩织2针未完成的长针。
②
2针未完成的长针
挂线，一次性引拔穿过针上的2个线圈。
③
再次挂线，依次引拔穿过2个线圈，钩织长针。
④
2针锁针
钩织2针锁针。接着挂线，如箭头所示插入钩针，将线拉出。
⑤
再次挂线，依次引拔穿过2个线圈，钩织长针，完成。
袖口开口止位
图 1
121 120 115 110 105 100 95 90 85 80 75

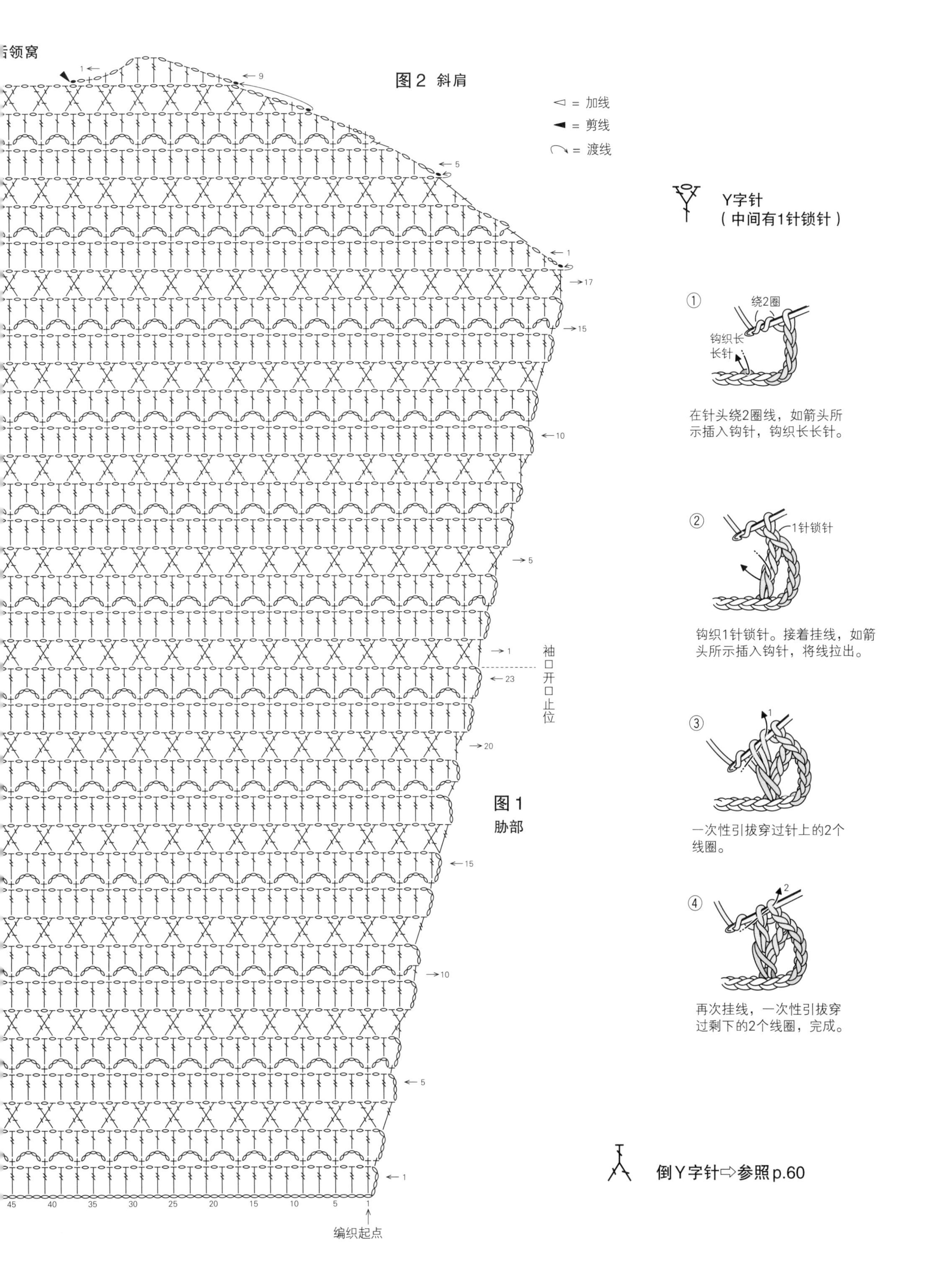
后领窝
图2 斜肩
◁ = 加线
◀ = 剪线
⌒ = 渡线
图1
胁部
袖口开口止位
编织起点
Y字针
（中间有1针锁针）
①
绕2圈
钩织长长针
在针头绕2圈线，如箭头所示插入钩针，钩织长长针。
②
1针锁针
钩织1针锁针。接着挂线，如箭头所示插入钩针，将线拉出。
③
一次性引拔穿过针上的2个线圈。
④
再次挂线，一次性引拔穿过剩下的2个线圈，完成。
倒Y字针⇨参照p.60

# 11

■材料 Ski Le Bois（中粗）红色系（2343）210g/7团

■工具 钩针8/0号、7/0号

■成品尺寸 胸围100cm，衣长49cm，连肩袖长26cm

■编织密度 编织花样的1个花样6.25cm，10cm内7.5行

p.14

■编织要点 前、后身片的形状相同。在肩侧锁针起针后，按编织花样朝下摆方向无须加减针钩织。肩部钩织引拔针和锁针接合，袖口开口止位以下的胁部钩织引拔针和锁针缝合。下摆按边缘编织A环形编织。领口和袖口分别按边缘编织B环形编织。

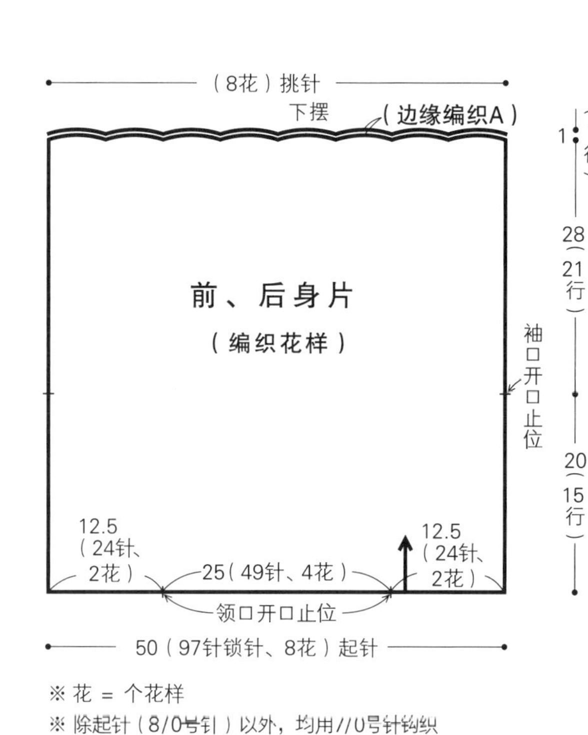


※ 花 = 个花样

※ 除起针（8/0号针）以外，均用7/0号针钩织

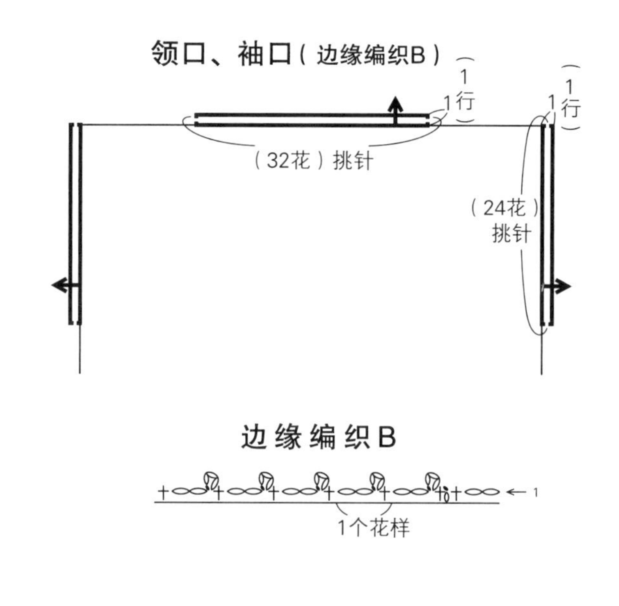


边缘编织B

1个花样

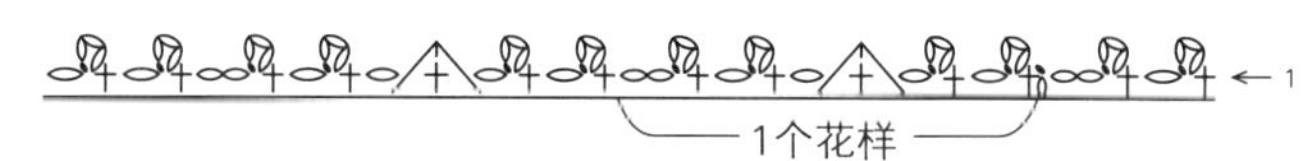


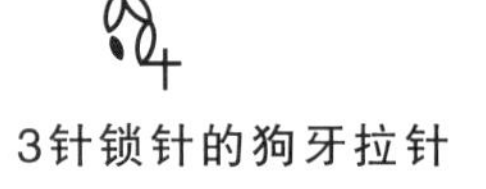

3针锁针的狗牙拉针

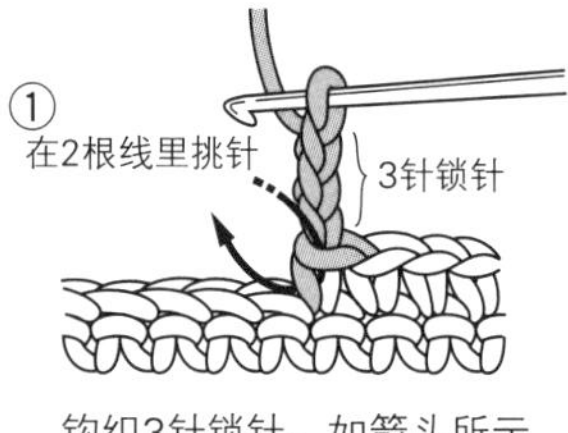


钩织3针锁针，如箭头所示插入钩针。

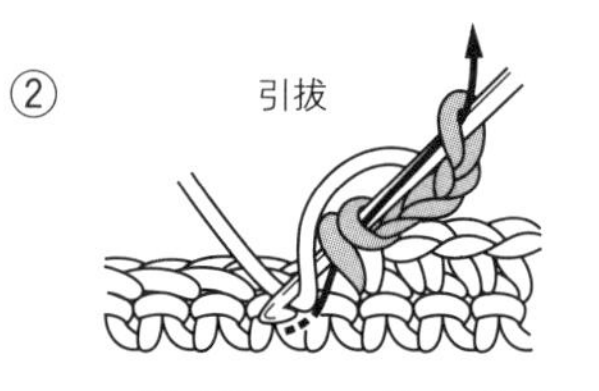


针头挂线，一次性引拔出。

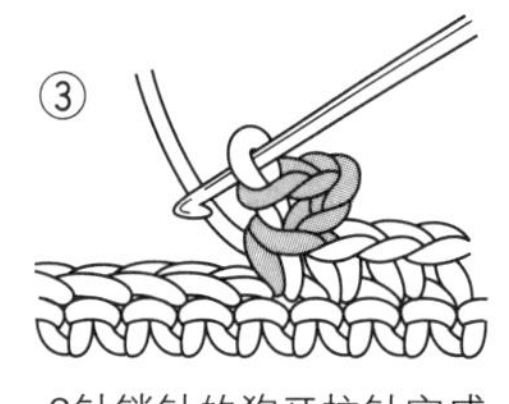

3针锁针的狗牙拉针完成。

3针短针并1针

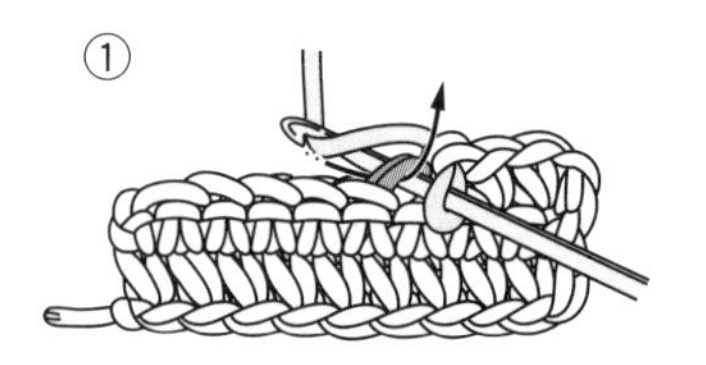

如箭头所示插入钩针，挂线并拉出。

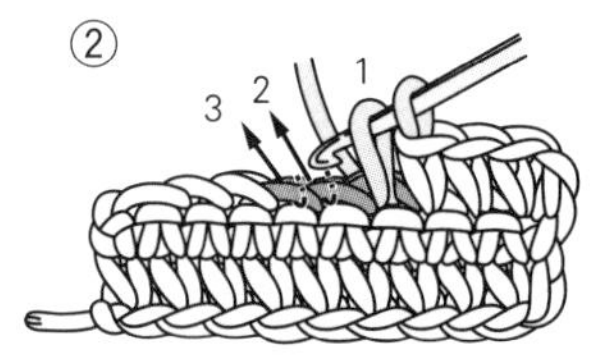


用相同方法，按箭头所示顺序依次插入钩针将线拉出。

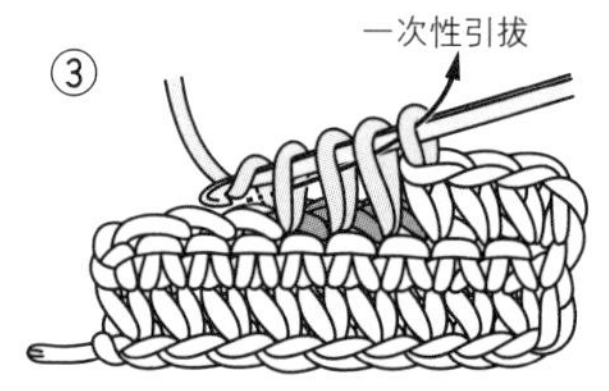


引拔穿过针上的4个线圈。

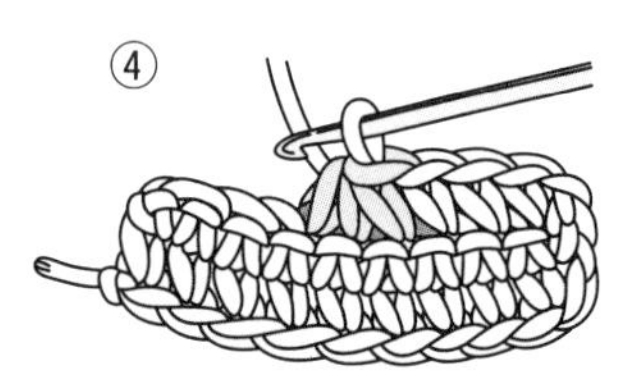

3针短针并1针完成。

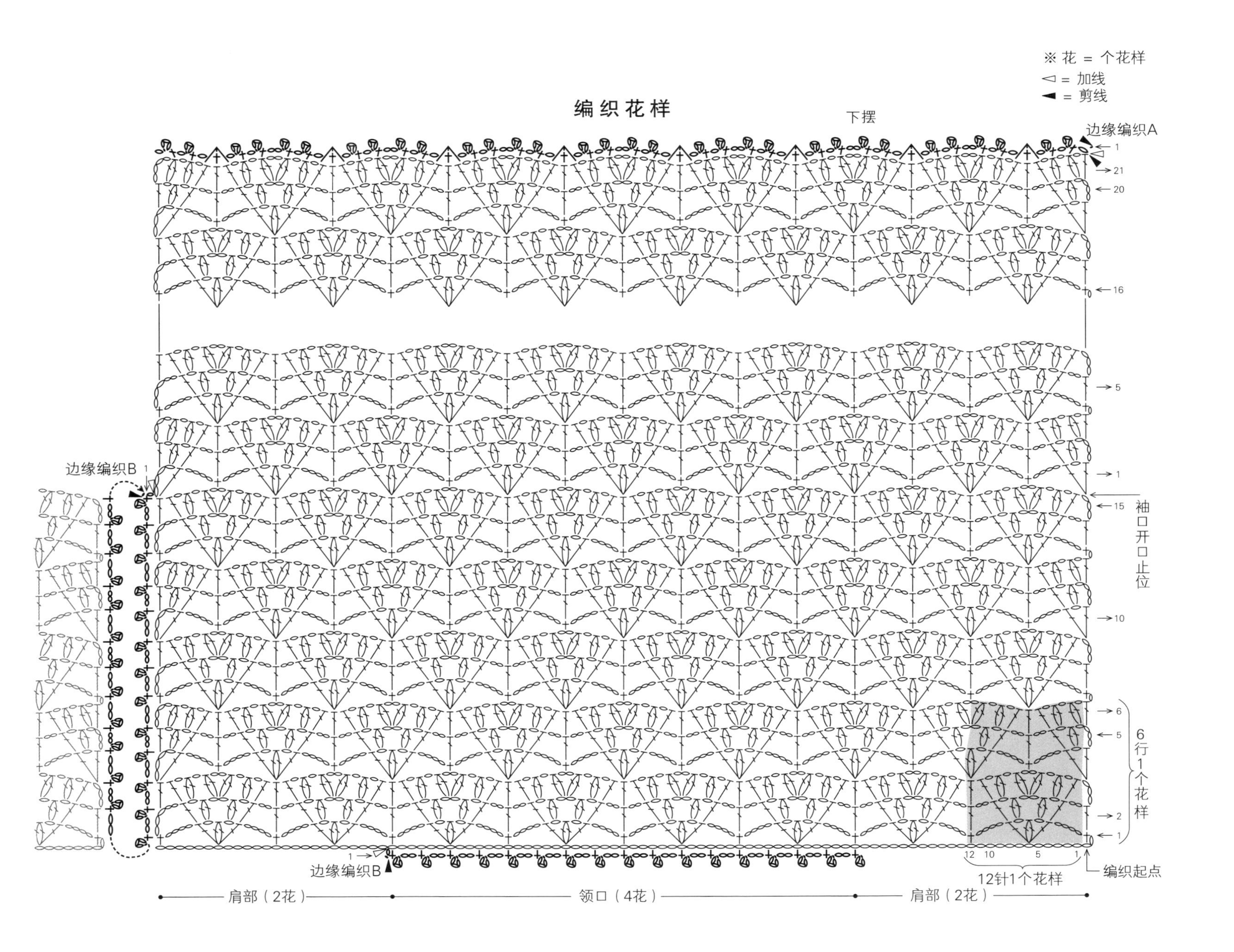
编织花样
※ 花 = 个花样
= 加线
= 剪线
下摆
边缘编织A
边缘编织B
袖口开口止位
6行1个花样
12针1个花样
编织起点
肩部（2花）
领口（4花）
肩部（2花）

# 12

p.15

■材料　Ski Luno（粗）深蓝色（7211）240g/8团

■工具　钩针5/0号

■成品尺寸　胸围98cm，衣长50.5cm，连肩袖长25.5cm

■编织密度　编织花样的1个花样2.7cm，10cm内10行

■编织要点　前、后身片的形状相同。在胸部位置锁针起针后，在锁针的里山挑针，按编织花样钩织育克部分。斜肩参照图示钩织。身片从起针处挑针，按编织花样朝下摆方向无须加减针钩织。肩部钩织引拔针和锁针接合，袖口开口止位以下的胁部钩织引拔针和锁针缝合。袖口环形编织边缘编织。领窝直接利用花样，无须另外挑针钩织。

育克（编织花样）

12（4.5花）　25（9花）　12（4.5花）

1（1行）　3.5（4行）　9（9行）

49（126针锁针、18花）起针

（18花）挑针

前、后身片（编织花样）

15（15行）

23（23行）

袖口开口止位

※ 全部使用5/0号针钩织

※ 花=个花样

袖口（边缘编织）

1（2行）

（94针）挑针

边缘编织

2针1个花样

编织花样

2行1个花样

7针1个花样

倒Y字针

在针头绕2圈线，如箭头所示插入钩针，钩织2针未完成的长针。

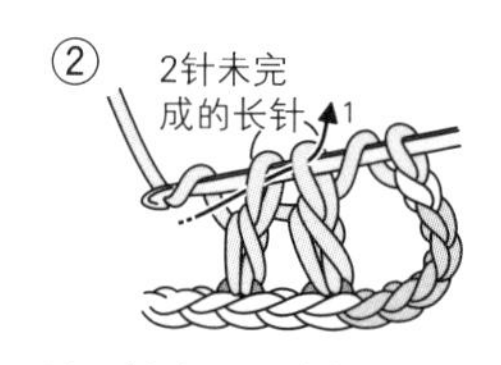


针头挂线，一次性引拔穿过针上的2个线圈。

再次挂线，依次引拔穿过2个线圈。

倒Y字针完成。

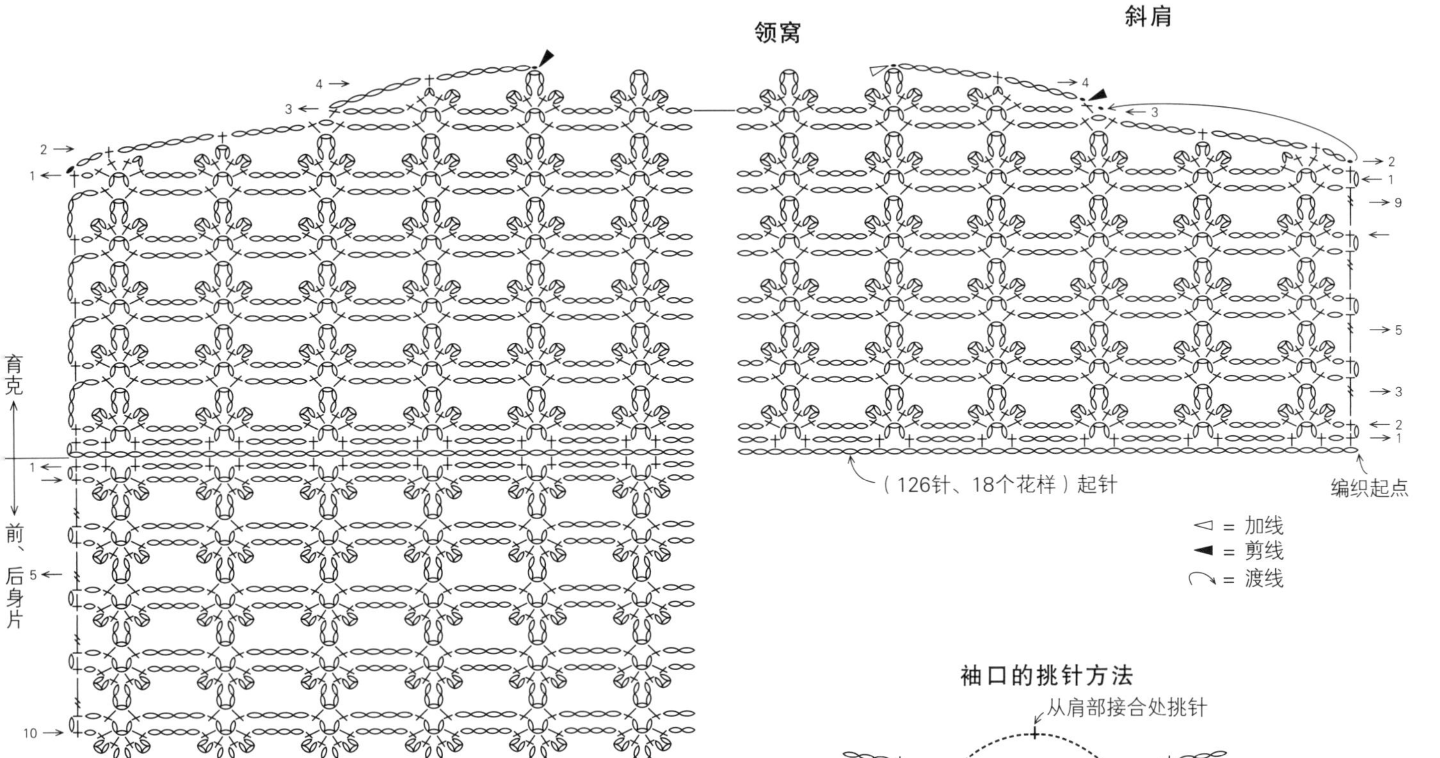


### 袖口的挑针方法

### 渡线后继续钩织

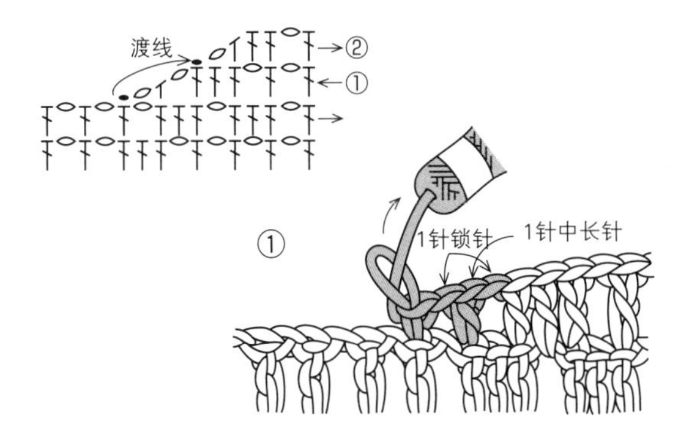


在第1行的最后，将针上的线圈拉大，穿过线团后拉紧针目。

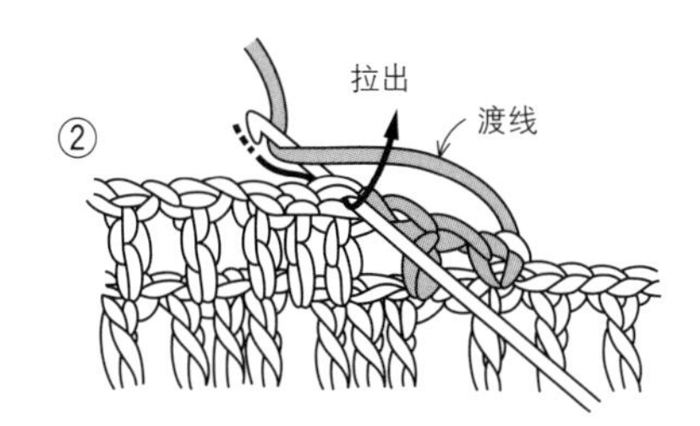


向前翻转织物，从指定位置将线拉出，继续钩织。

# 18

p.22

**■材料** Ski Trueno（粗）藏青色（2716）70g/3团

**■工具** 钩针6/0号

**■成品尺寸** 头围50cm，深20.5cm

**■编织密度** 边缘编织10cm 21.5针，3cm内6行

**■编织要点** 在帽顶环形起针后钩织6针短针。第2行在短针上钩织1针放3针长针的加针。第3行钩织2针长针的拉针枣形针和锁针，以此为1个花样，一共钩织18个花样。从下一行开始，通过增加锁针和长针的数量加针。帽口钩织6行边缘编织。

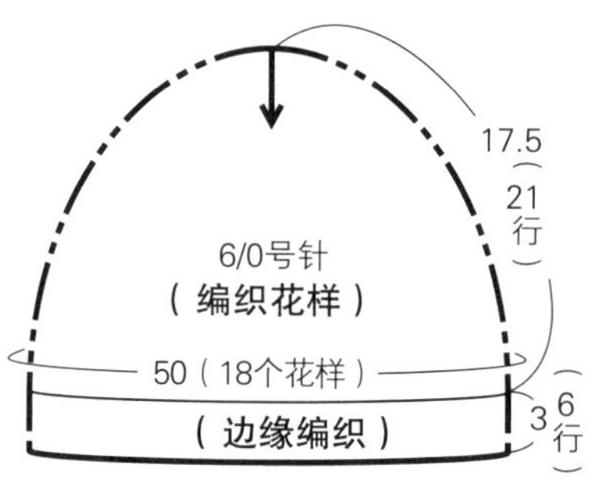


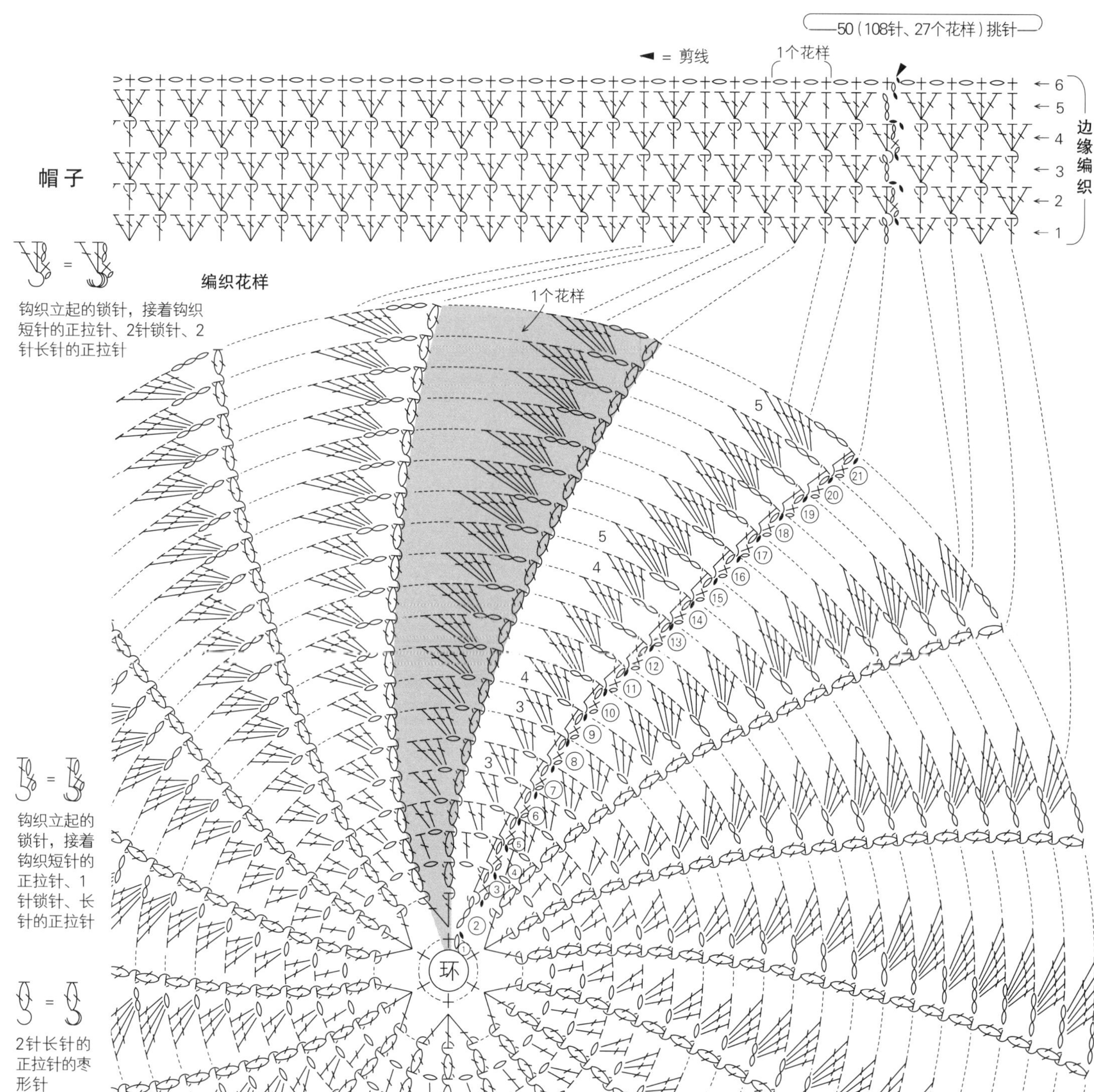

# 13

p.17

■**材料** Ski Trueno（粗）橘褐色系（2714）250g/9团，长3cm的纽扣2颗

■**工具** 钩针6/0号、7/0号

■**成品尺寸** 胸围98cm，肩宽42cm，衣长63.5cm

■**编织密度** 织带的1个花样9cm，宽7cm

■**编织要点** 织带钩织罗纹绳起针后，先在一侧钩织第1~3行，接着在另一侧钩织第4~6行。从罗纹绳上挑针时，第1行和第4行的短针是在罗纹绳的2根线里挑针。织带的两端参照图示钩织。织带①和②单独钩织，织带③与①做连接，织带④与②、③做连接。织带的连接方法是：暂时从针目上取下钩针，在相邻的锁针线圈的上方插入钩针，将刚才取下的针目拉出。织带⑤与①、织带⑥与②做连接，注意织带⑥的第6行一边钩织一边在两处制作纽襻。织带⑦与①、织带⑧与②做连接。胁部的织带⑨和⑩将前、后身片连接在一起。下摆钩织短针整理形状，最后在领口钩织边缘编织。

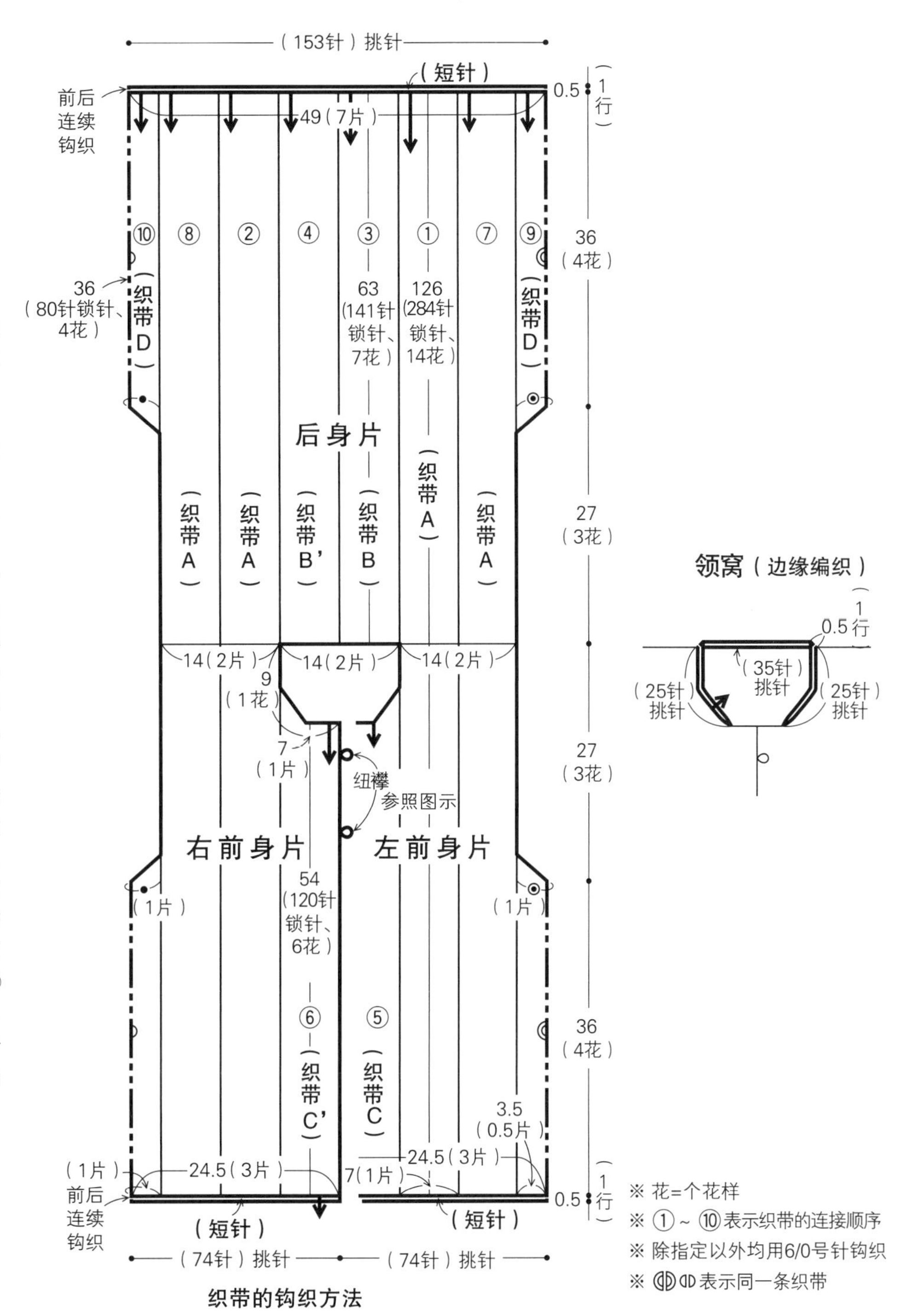


织带的钩织方法

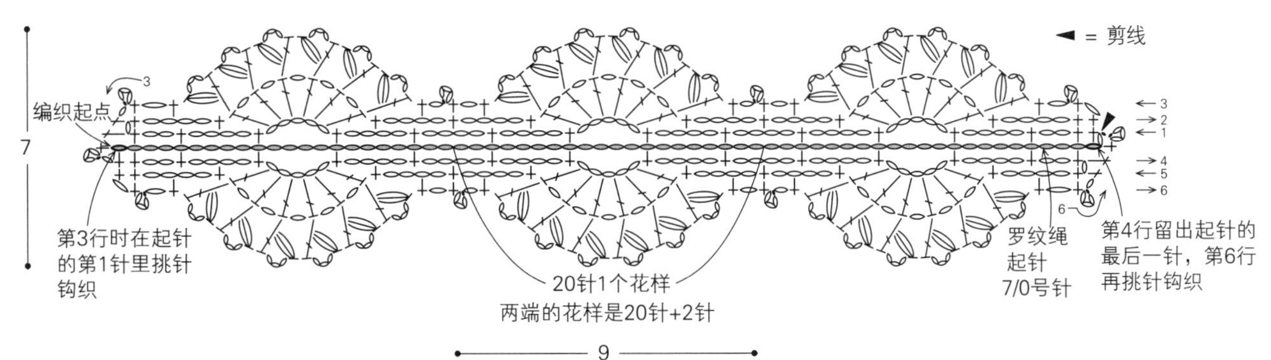

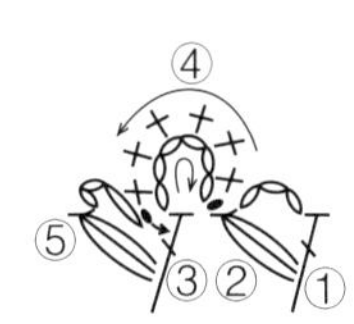


纽襻 ③的长针完成后，钩织6针锁针，在枣形针的头部引拔，接着钩织6针短针（在锁针的半针和里山挑针），再在长针的根部引拔

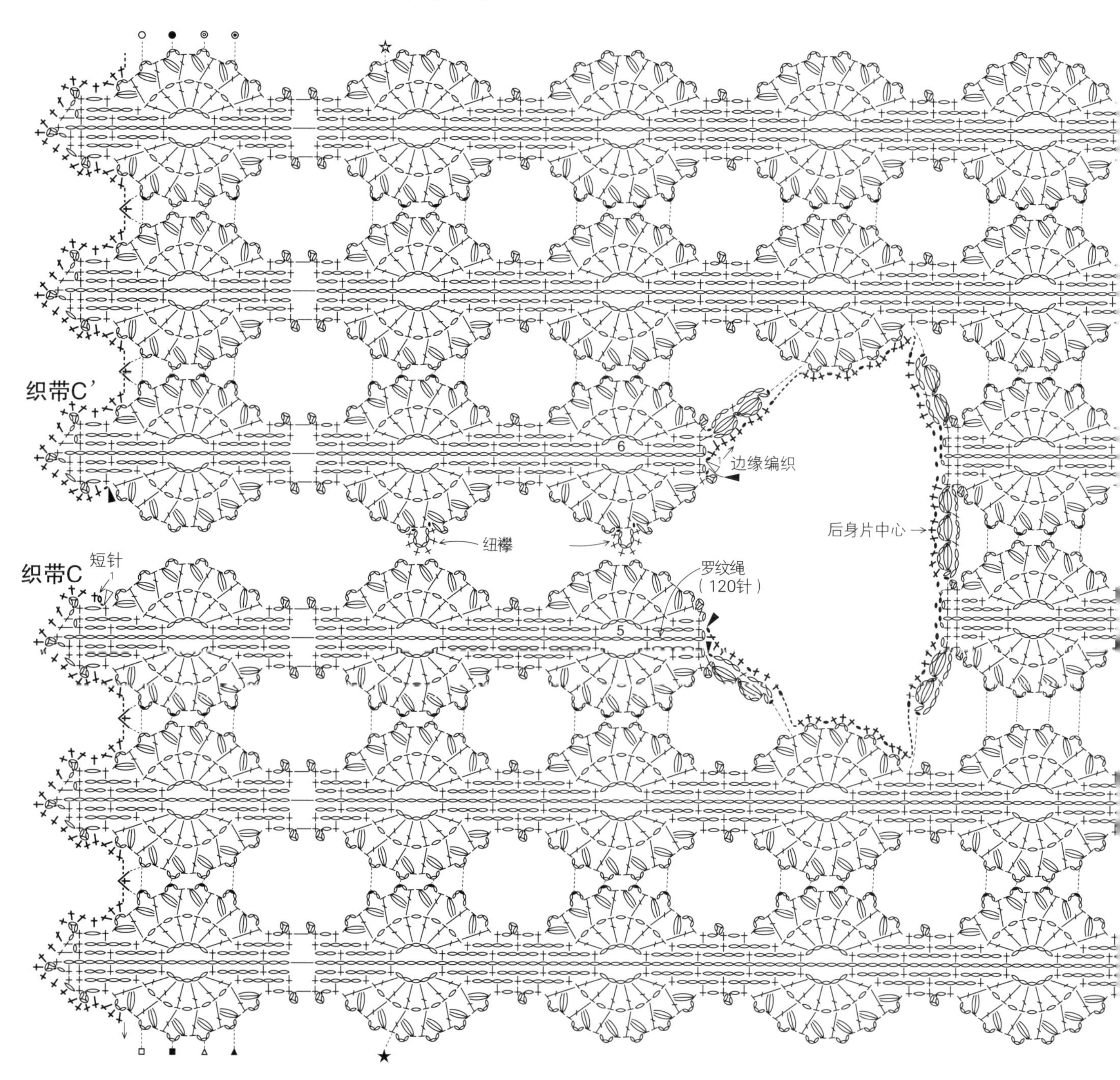

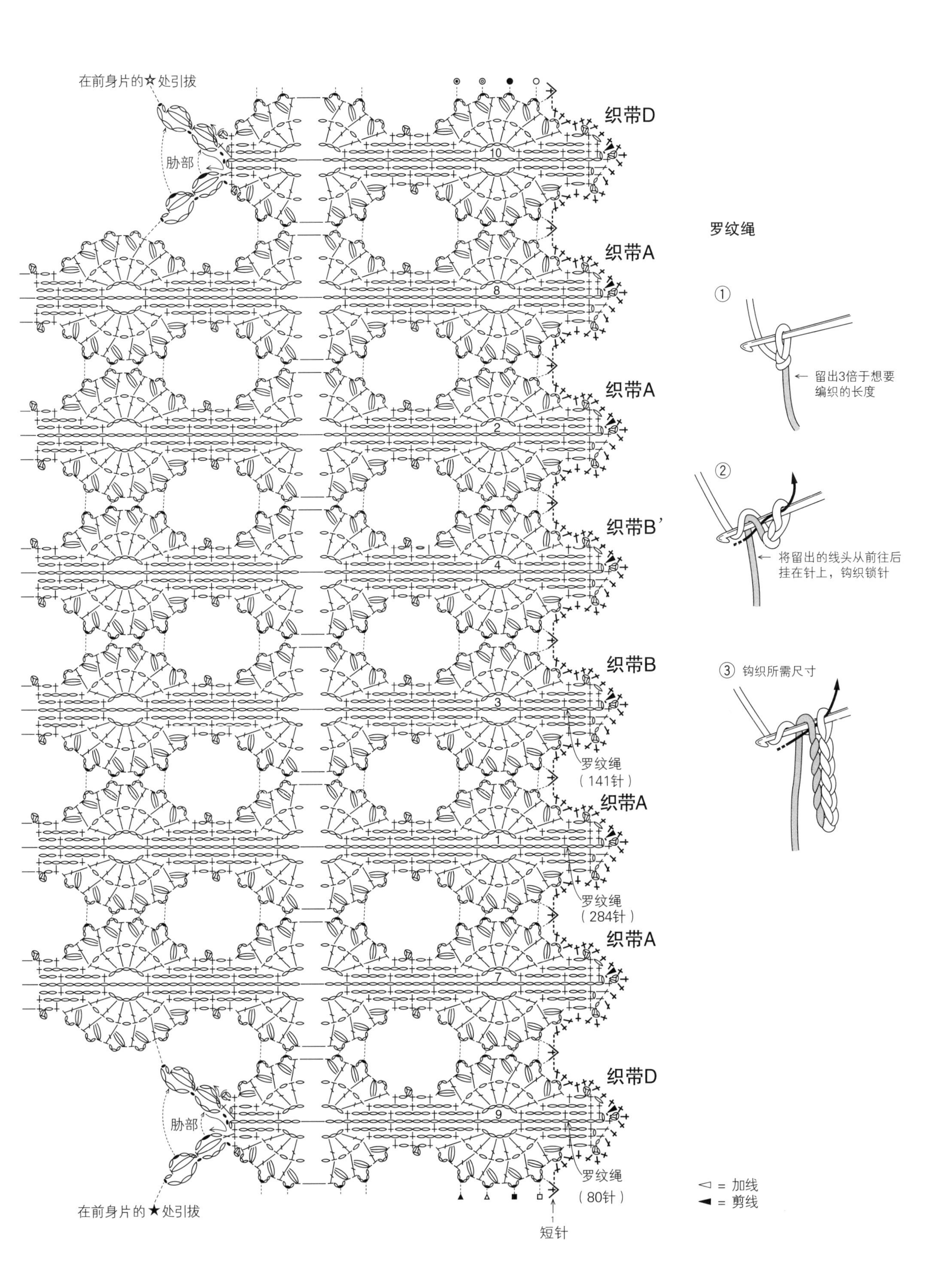


罗纹绳

① 留出3倍于想要编织的长度

② 将留出的线头从前往后挂在针上，钩织锁针

③ 钩织所需尺寸

◁ = 加线
◀ = 剪线

# 17

p.21

■**材料**　Sock80（中细）深紫色系（5）240g/3团

■**工具**　钩针4/0号

■**成品尺寸**　宽130cm，长63cm（不含流苏）

■**编织密度**　10cm×10cm面积内：编织花样7.3山，15行

■**编织要点**　披肩是在下摆的顶角钩织3针锁针起针，按长针和锁针组成的编织花样一边在两侧加针一边钩织成三角形。最后一行钩织短针、中长针和长针整理成直线。制作3个流苏，系在3个角上。这款披肩因为线材的捻劲和编织花样的关系，最后的形状并非正三角形。

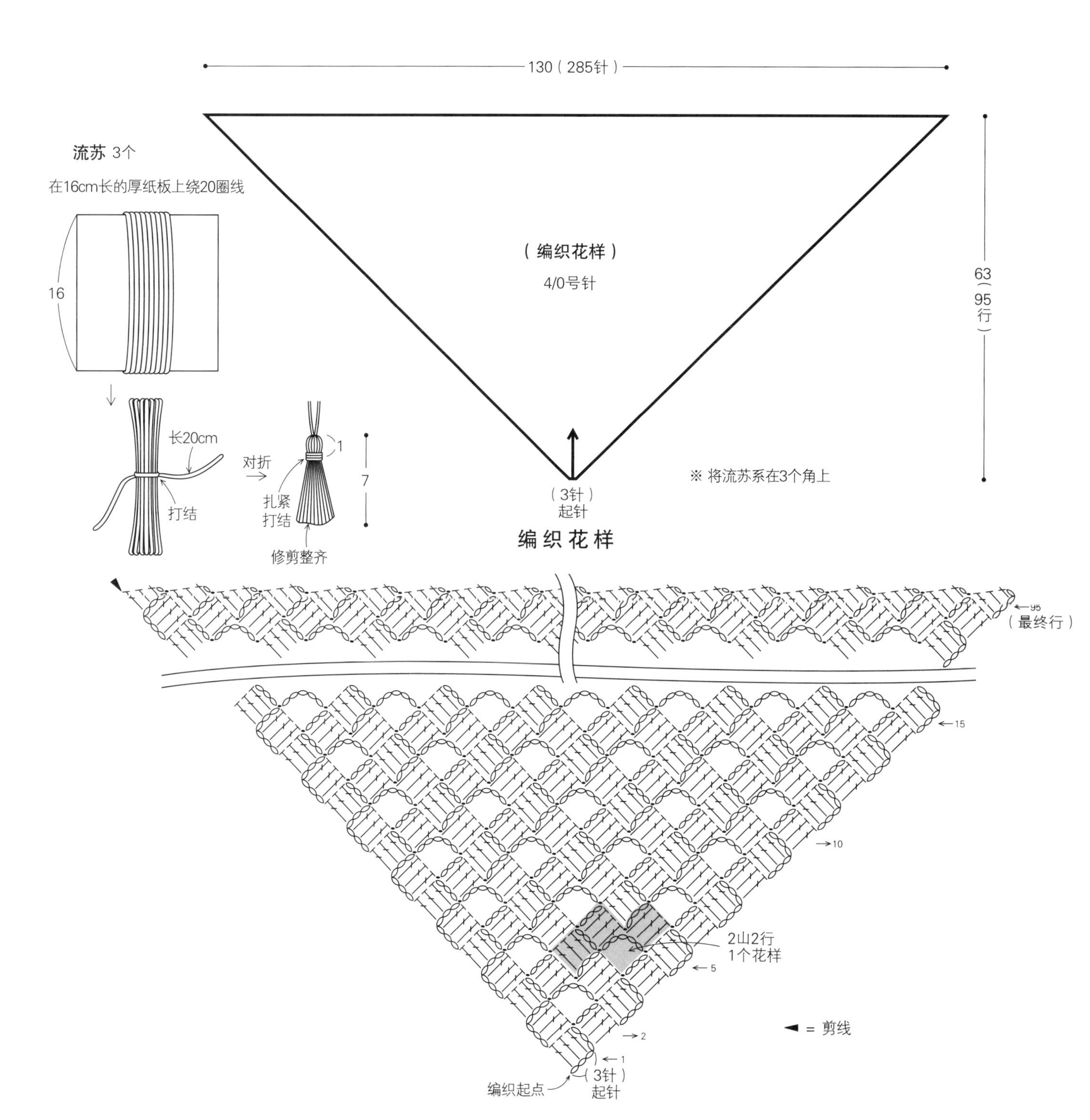

14

p.18

■材料　Sock80（中细）粉红色系（1）或者蓝色系（2）**护腕**：30g，**袜子**：40g，共70g（1团）

**护腕：**

■**工具**　棒针2号

■**成品尺寸**　周长17cm，长17cm

■**编织密度**　10cm×10cm面积内：编织花样35针，40行

■**编织要点**　共线锁针起针后，按起伏针和编织花样环形编织。编织50行后，将拇指部分的16针穿在另线上休针。分叉处另起6针，挑取50针后按编织花样和单罗纹针编织，结束时按前一行针目做伏针收针。拇指从休针以及分叉处挑针，在交界处做扭针加针，一共24针编织双罗纹针，结束时做伏针收针。

**袜子：**

■**工具**　棒针3号

■**成品尺寸**　袜底长约19.5cm

■**编织密度**　10cm×10cm面积内：下针编织28针，38行

■**编织要点**　手指挂线起针后，从袜口开始环形编织。编织30行双罗纹针后，袜底换成下针编织。接着编织4行后，将袜背的26针休针，往返编织袜跟部分，在边上1针的内侧加减针。然后与前面休针的袜背连在一起，再次环形编织至袜头。袜头在两侧减针，将编织终点的前后各10针做下针无缝缝合。袜跟做半针的挑针缝合。

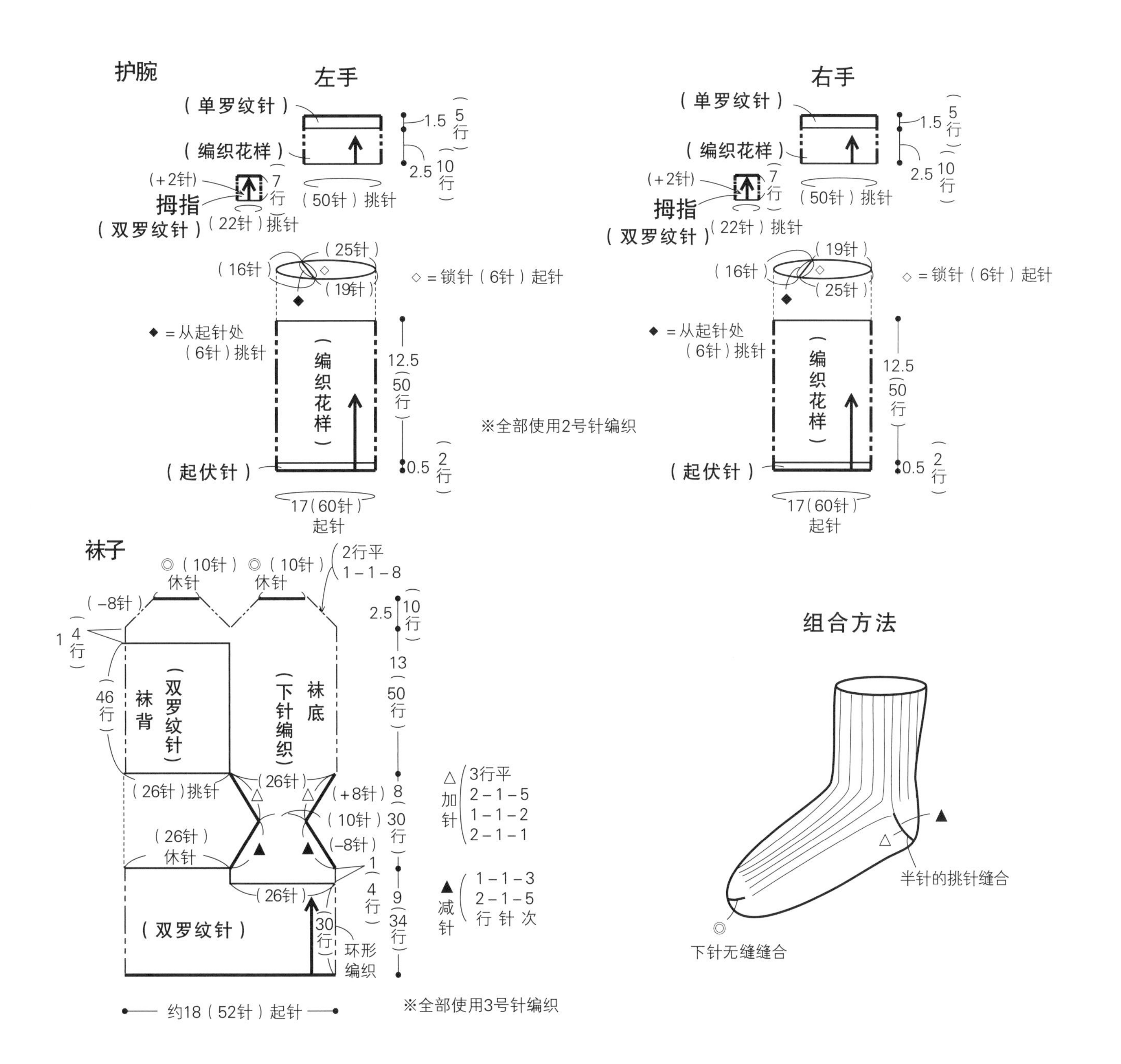

## 袜子

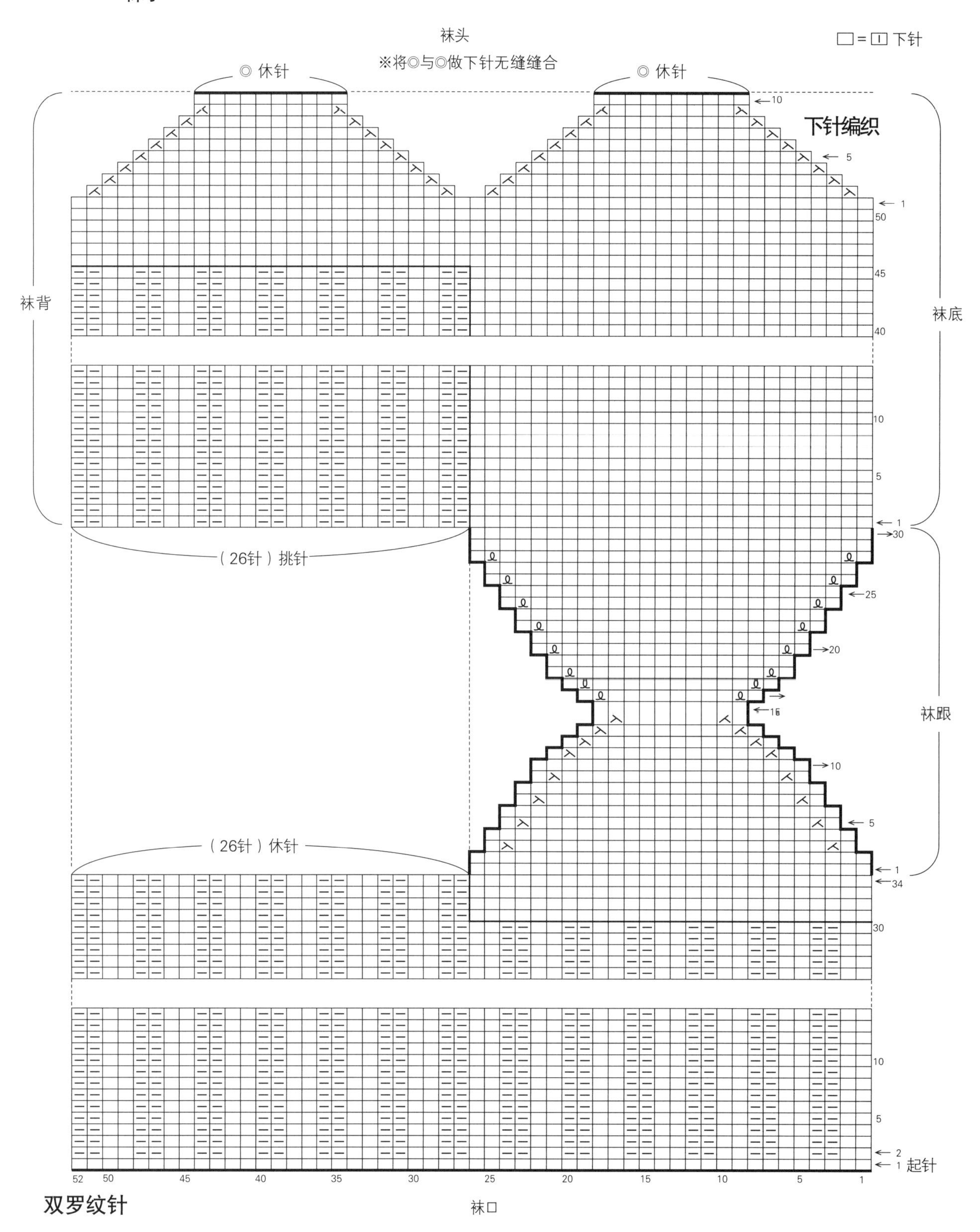

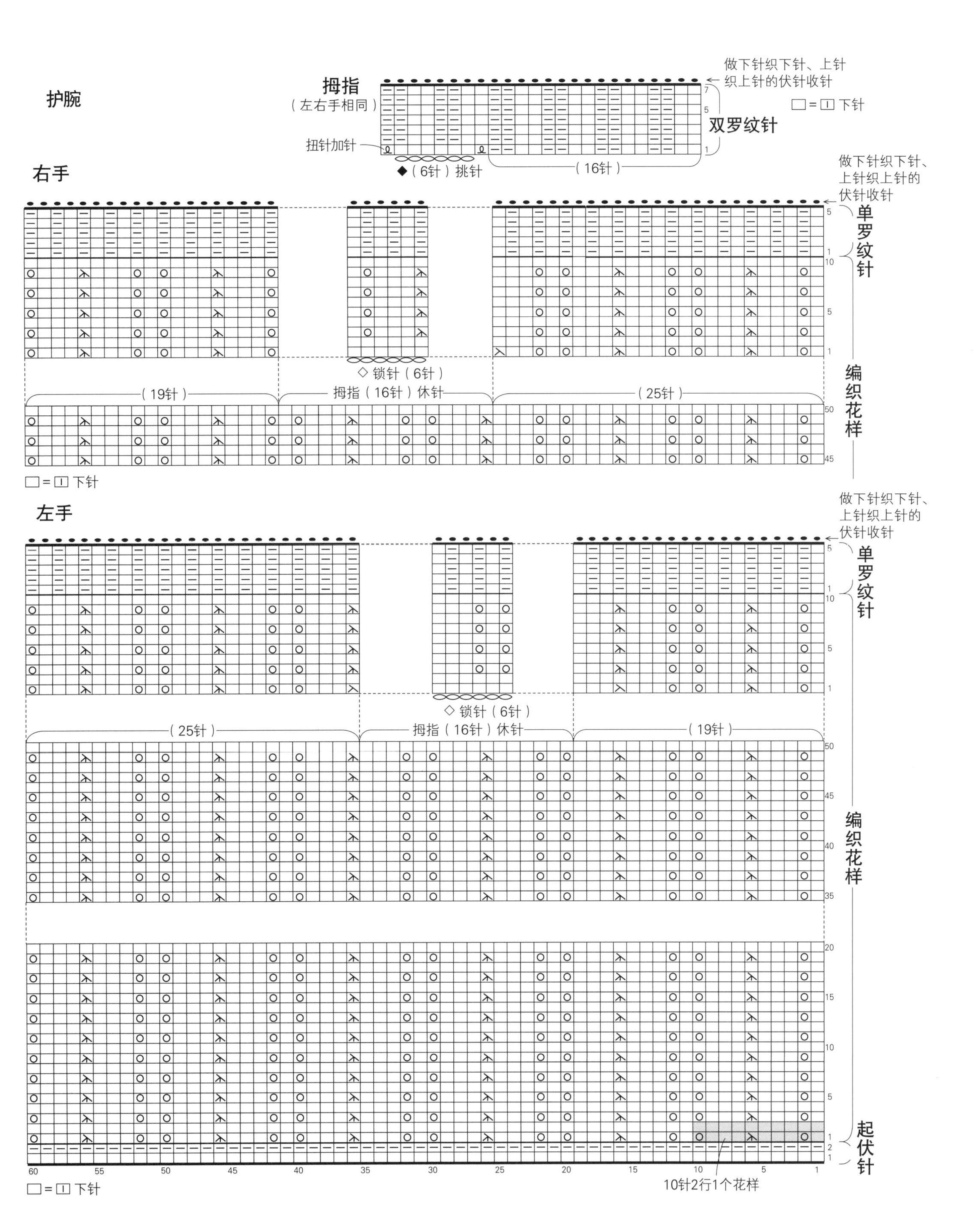

护腕
拇指
（左右手相同）
扭针加针
◆（6针）挑针
（16针）
做下针织下针、上针织上针的伏针收针
双罗纹针
□=□下针
右手
做下针织下针、上针织上针的伏针收针
单罗纹针
◇锁针（6针）
（19针）
拇指（16针）休针
（25针）
编织花样
□=□下针
左手
做下针织下针、上针织上针的伏针收针
单罗纹针
◇锁针（6针）
（25针）
拇指（16针）休针
（19针）
编织花样
起伏针
10针2行1个花样
□=□下针

# 15

p.19

**■材料**　Ski Tasmanian Polwarth（粗）炭灰色（7027）30g/1团、米色（7025）10g/1团、灰色（7026）10g/1团

**■工具**　棒针3号、2号，钩针3/0号

**■成品尺寸**　手掌围19cm，长23cm

**■编织密度**　10cm×10cm面积内：下针编织25针，34行；条纹花样25针，41行

**■编织要点**　另线锁针起针后，手掌和手背按条纹花样，指尖环形编织下针编织。在拇指孔和食指开缝位置编入另线。指尖的减针参照图示编织。手腕解开另线锁针挑针后编织双罗纹针，结束时做下针织下针、上针织上针的伏针收针。将指尖剩下的针目做下针无缝缝合。拇指解开另线挑针，下侧挑取7针，上侧挑取8针，左右在交界处各挑1针，一共挑取17针，环形编织下针。编织12行后，在内侧开缝的8针里编入另线，然后继续编织。用线头在最后一行针目里穿2次线后收紧。拇指和食指的开缝处解开另线挑针，从正面钩织一行引拔针整理形状。

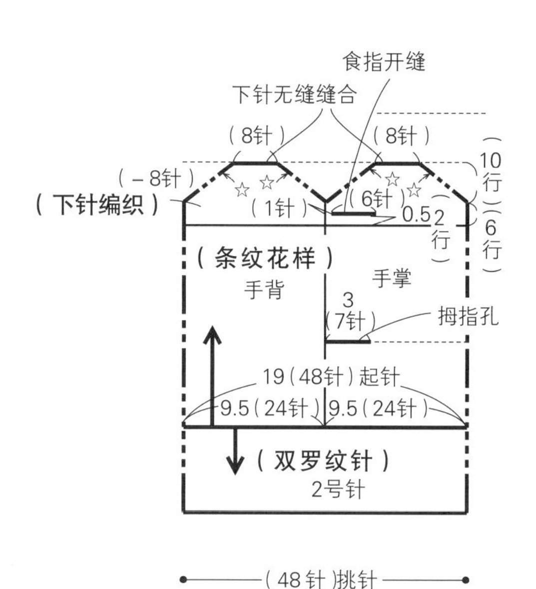


☆的减针
1行平
1-1-5
2-1-2
行 针 次
1针减针

4.5　16行
7.5　31行
5.5　19行
5.5　30行

右手

下针无缝缝合
（8针）
（8针）
10行
6行
（－8针）
（6针）
食指开缝
（1针）
0.5
2行
（条纹花样）
（下针编织）
手背
手掌
3（7针）
拇指孔
19（48针）起针
9.5（24针）
9.5（24针）
（双罗纹针）
2号针
（48针）挑针

※除指定以外均用3号针编织
※拇指孔和开缝孔位置编入1行另线
※除指定以外均用炭灰色线编织

**拇指（下针编织）**

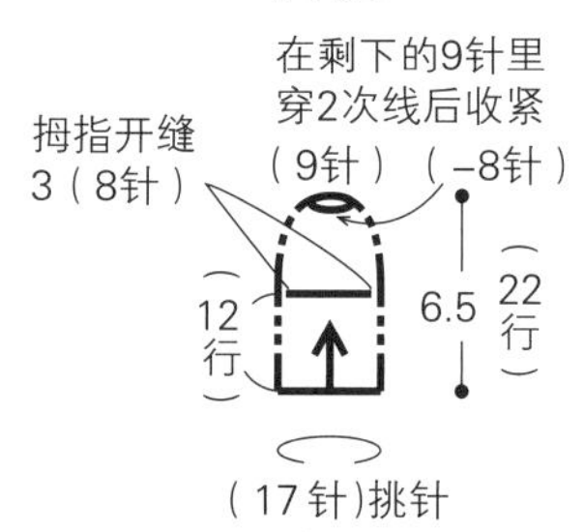


**收紧拇指的顶端**（作品中收紧9针）

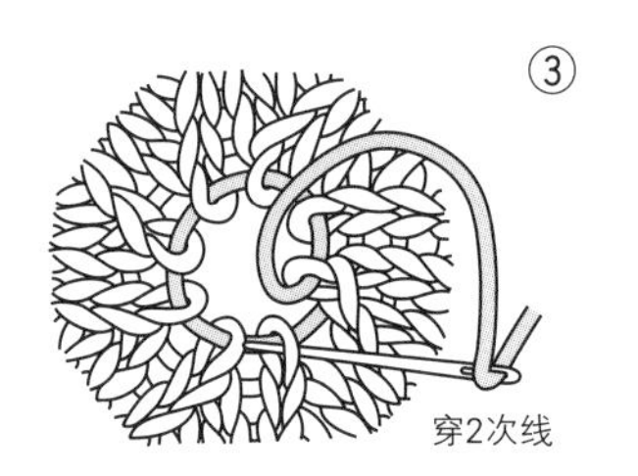

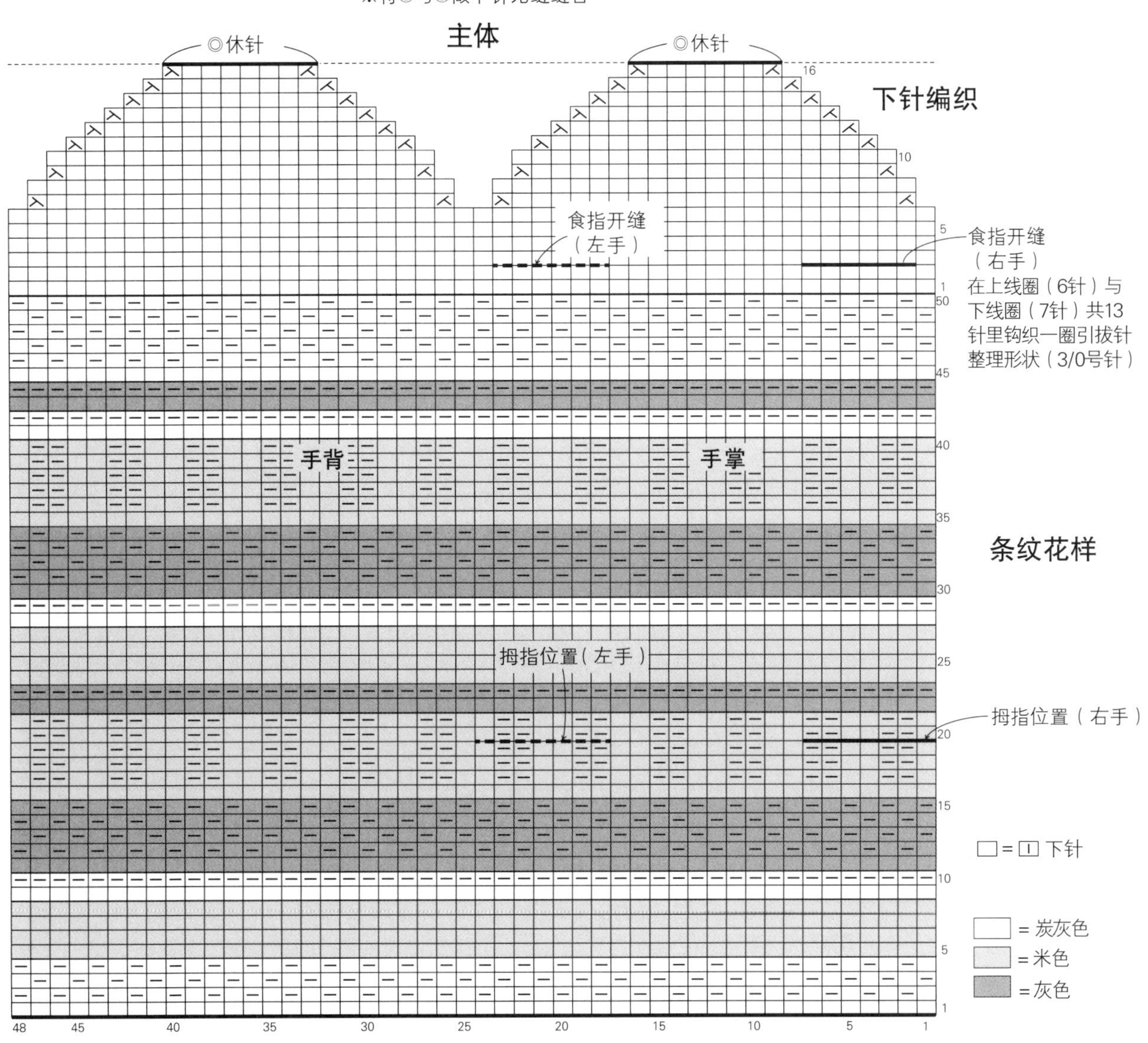
※将◎与◎做下针无缝缝合
主体
◎休针
◎休针
下针编织
食指开缝
（左手）
食指开缝
（右手）
在上线圈（6针）与
下线圈（7针）共13
针里钩织一圈引拔针
整理形状（3/0号针）
手背
手掌
条纹花样
拇指位置（左手）
拇指位置（右手）
□=□ 下针
= 炭灰色
= 米色
= 灰色

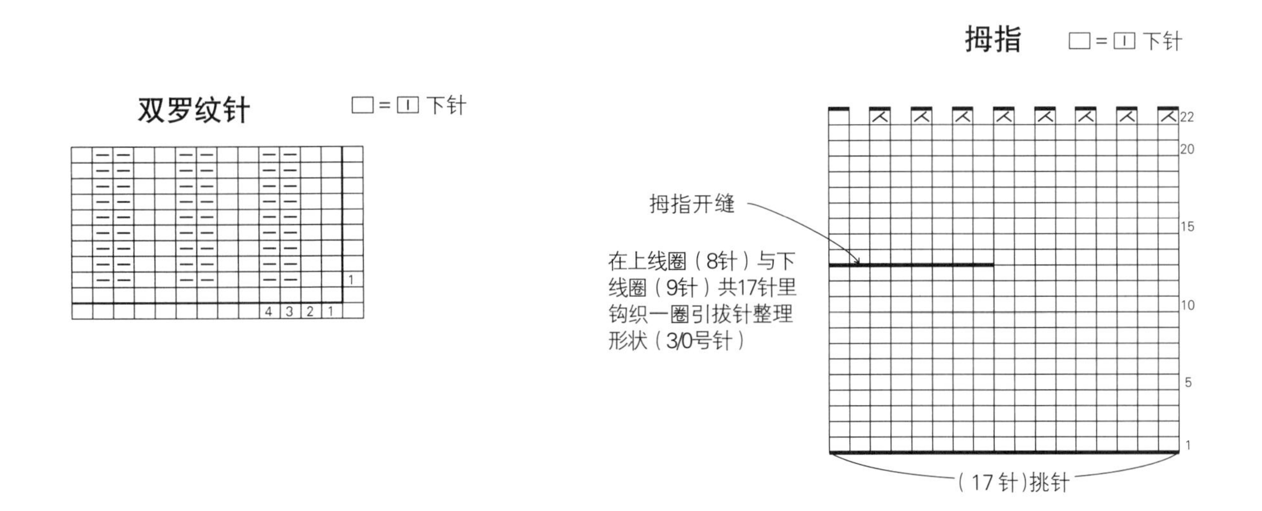
拇指
□=□ 下针
双罗纹针
□=□ 下针
拇指开缝
在上线圈（8针）与下
线圈（9针）共17针里
钩织一圈引拔针整理
形状（3/0号针）
（17针）挑针

# 16

p.20

■**材料** Ski Le Bois（中粗）粉红色系（2342）或者深红色系（2346）各70g/各3团
■**工具** 棒针5号
■**成品尺寸** 袜底长约15cm
■**编织密度** 10cm×10cm面积内：起伏针23.5针，25行
■**花片A的大小** 11cm×11cm
■**编织要点** 主体部分按多米诺技法编织连接花片。3个花片B①、②、③手指挂线起针后，一边编织起伏针一边减针，最后将线剪断。从花片B①、②上挑针编织花片A的④、⑤。接着按花片B⑥、花片A⑦到⑪的顺序，一边挑针编织一边连接成环形。编织过程中尽量不要剪断线。袜头环形挑针后，一边编织起伏针一边减针，最后将剩下的针目做下针无缝缝合。袜跟环形挑针后编织起伏针，结束时与袜头一样做下针无缝缝合。袜口从花片B的①、②上挑针，环形编织单罗纹针，最后做单罗纹针收针。

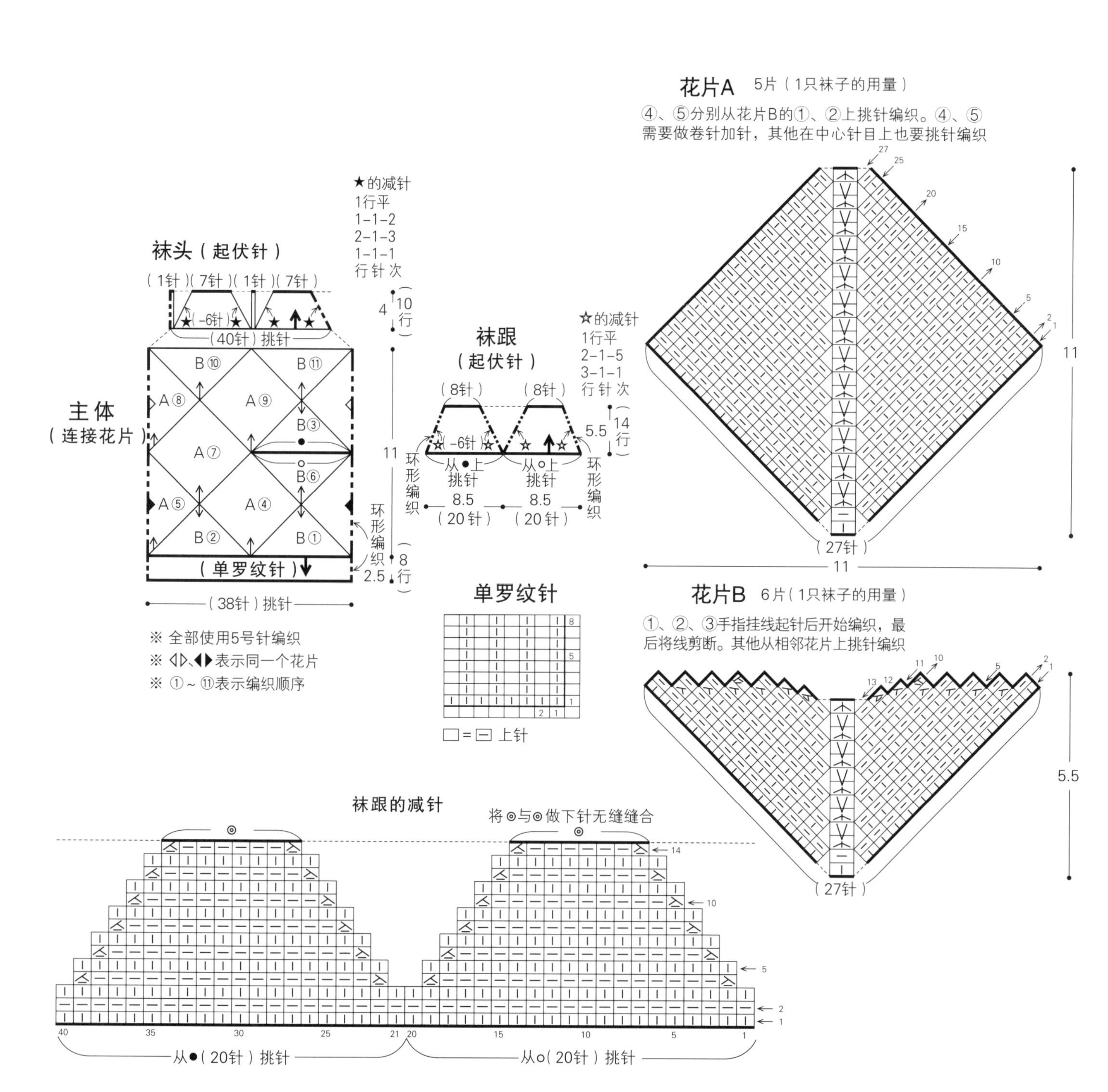

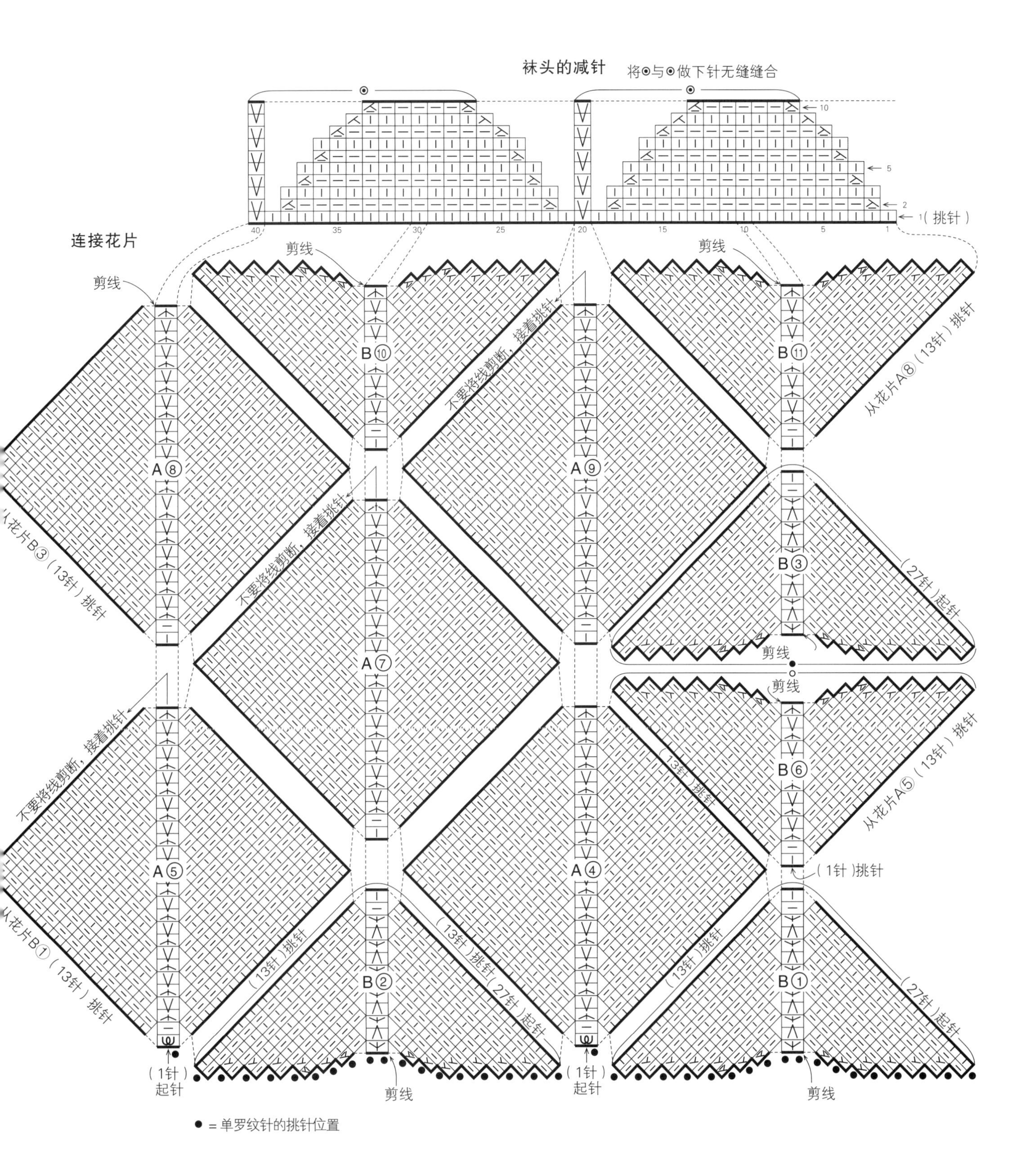
袜头的减针
将⊙与⊙做下针无缝缝合
1（挑针）
连接花片
剪线
A⑧
B⑩
B⑪
A⑨
A⑦
B③
A⑤
A④
B⑥
B②
B①
不要将线剪断，接着挑针
从花片A⑧（13针）挑针
从花片B③（13针）挑针
从花片A⑤（13针）挑针
从花片B①（13针）挑针
（27针）起针
（13针）挑针
（1针）挑针
（1针）起针
● = 单罗纹针的挑针位置

# 19

p.23

**■材料** Ski UK Blend Melange（极粗）黄色（8007）或者粉红色混染（8005）各120g/各3团

**■工具** 钩针8/0号

**■成品尺寸** 宽24cm，深19cm

**■编织密度** 10cm×10cm面积内：短针17.5针，19行；编织花样7.2个花样，14行

**■编织要点** 底部钩织20针锁针起针，第1行在半针和里山2根线里挑针钩织一侧，另一侧在锁针的1根线里挑针钩织。第2至第8行参照图示钩织短针，每行在两端各加3针（共6针）。包身按编织花样无须加减针钩织23行。包口的第1行从包身挑针钩织短针，第2行钩织短针的条纹针。第3至第5行钩织短针，注意第3行如图所示在12处留出穿绳孔。最后钩织引拔针整理形状。提手钩织46针锁针起针，在锁针的两侧钩织3行短针，然后缝在包口前、后中心的内侧。用锁针钩织细绳，穿入包口的穿绳孔。

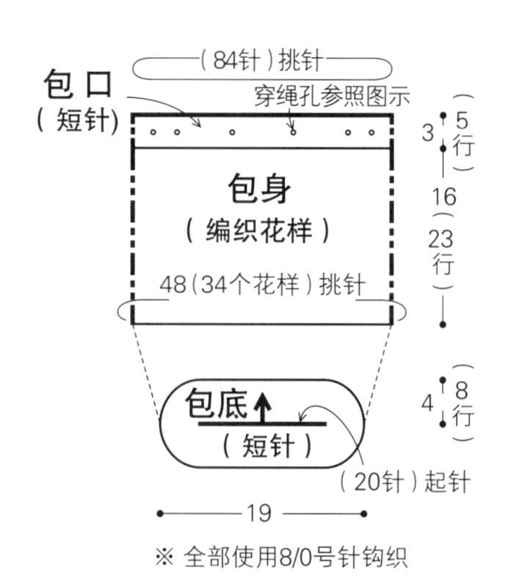


※ 全部使用8/0号针钩织

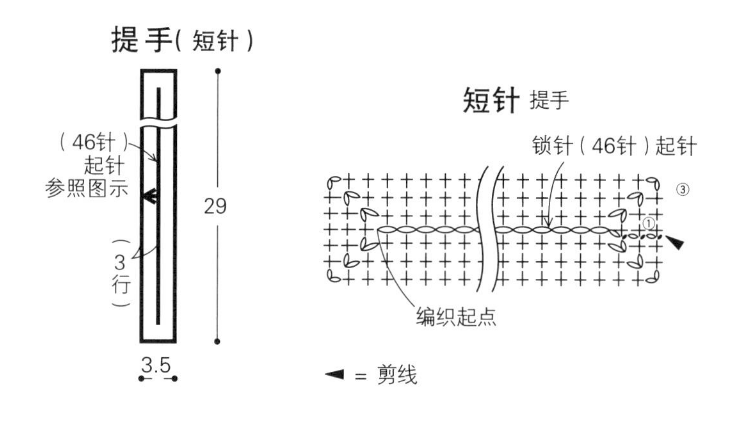


**细绳**（锁针）

58（110针）

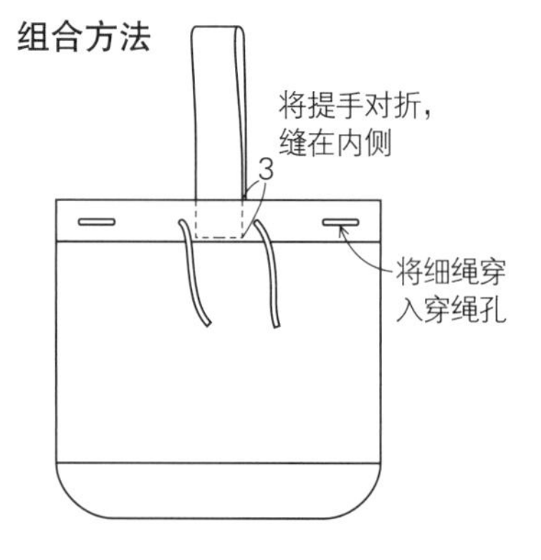


**短针的条纹针**

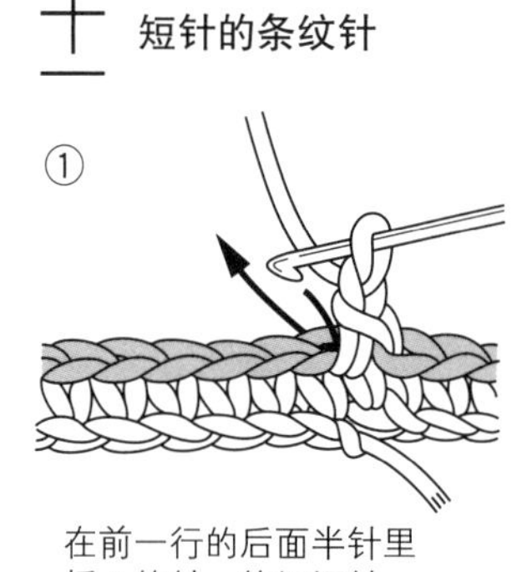

① 在前一行的后面半针里插入钩针，钩织短针。

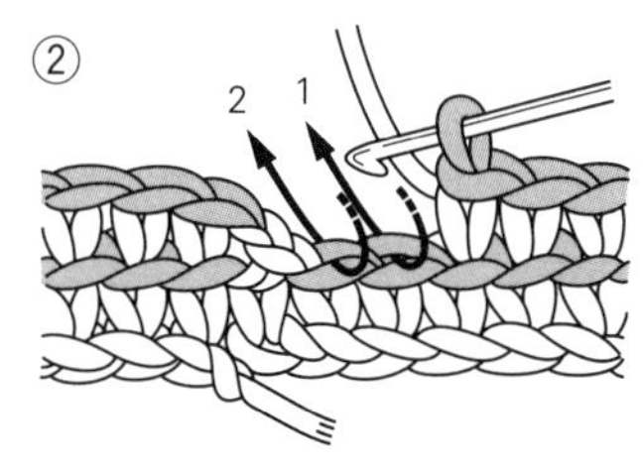


② 前一行没有挑针的前面半针呈条纹状。

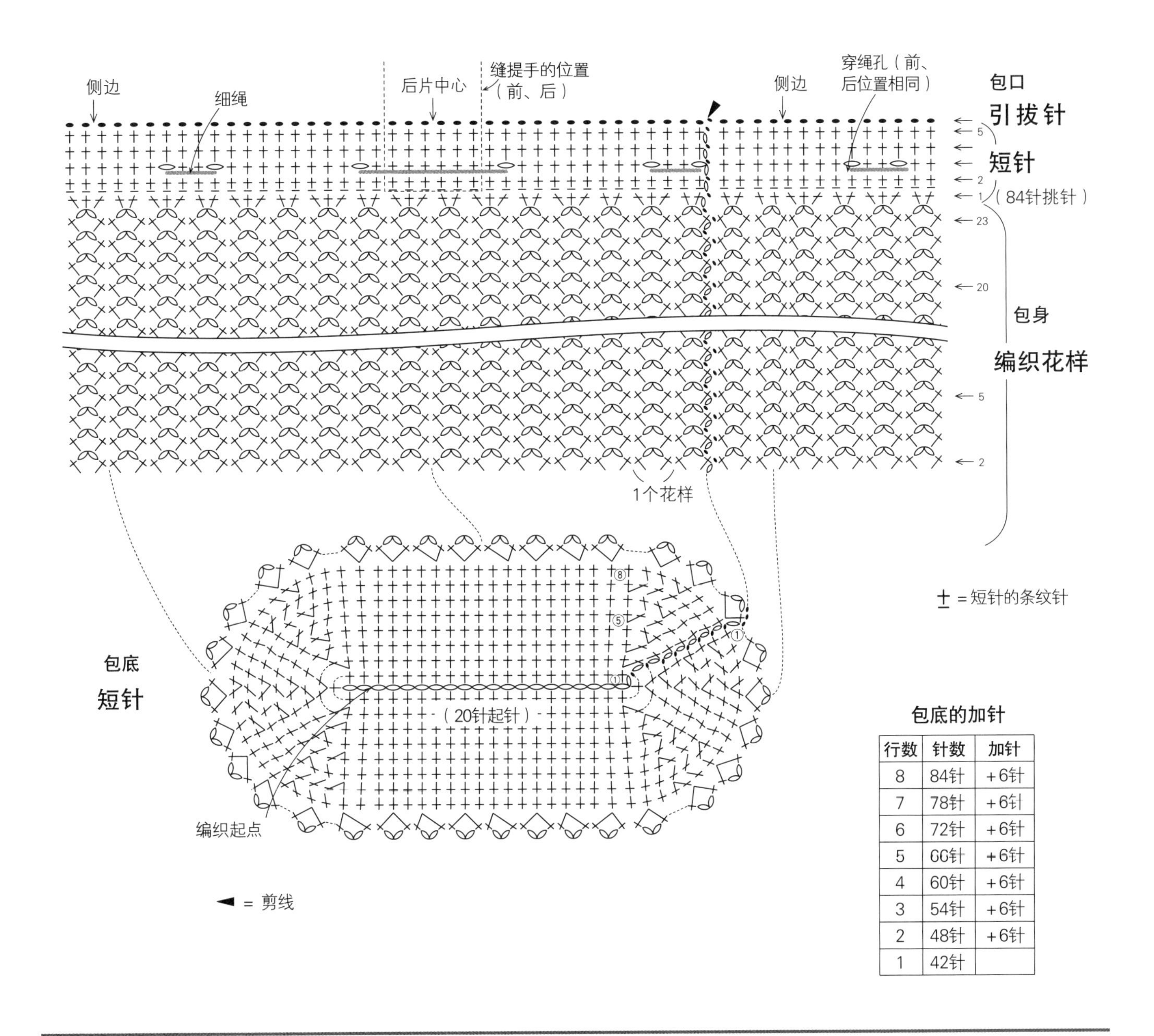


包底的加针

| 行数 | 针数 | 加针 |
| --- | --- | --- |
| 8 | 84针 | +6针 |
| 7 | 78针 | +6针 |
| 6 | 72针 | +6针 |
| 5 | 66针 | +6针 |
| 4 | 60针 | +6针 |
| 3 | 54针 | +6针 |
| 2 | 48针 | +6针 |
| 1 | 42针 | |

接p.78，作品21

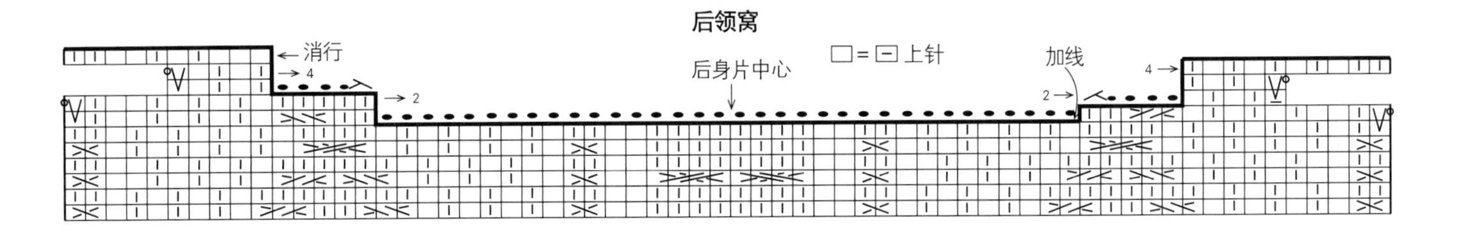

# 20

p.25

■材料　Sock80（中细）蓝色系（4）200g/3团

■工具　棒针3号

■成品尺寸　胸围92cm，肩宽40.8cm，衣长51cm

■花片大小　9.2cm×9.2cm

■编织要点　身片做多米诺编织。手指挂线起针后开始编织花片1，一边在中心做中上3针并1针的减针，一边按编织花样编织成正方形，最后在剩下的1针里引拔。花片2从花片1上挑针，接着做22针的卷针加针，用与花片1相同的方法编织。按图中所示顺序，从前面的花片上挑针编织至花片44。胁部的花片42~44与编织起点的花片1~3做针与行的接合，连接成环形。肩部做挑针缝合。下摆环形编织起伏针，最后做上针的伏针收针。领口和袖窿也编织起伏针，注意转角立起中心的针目减针。

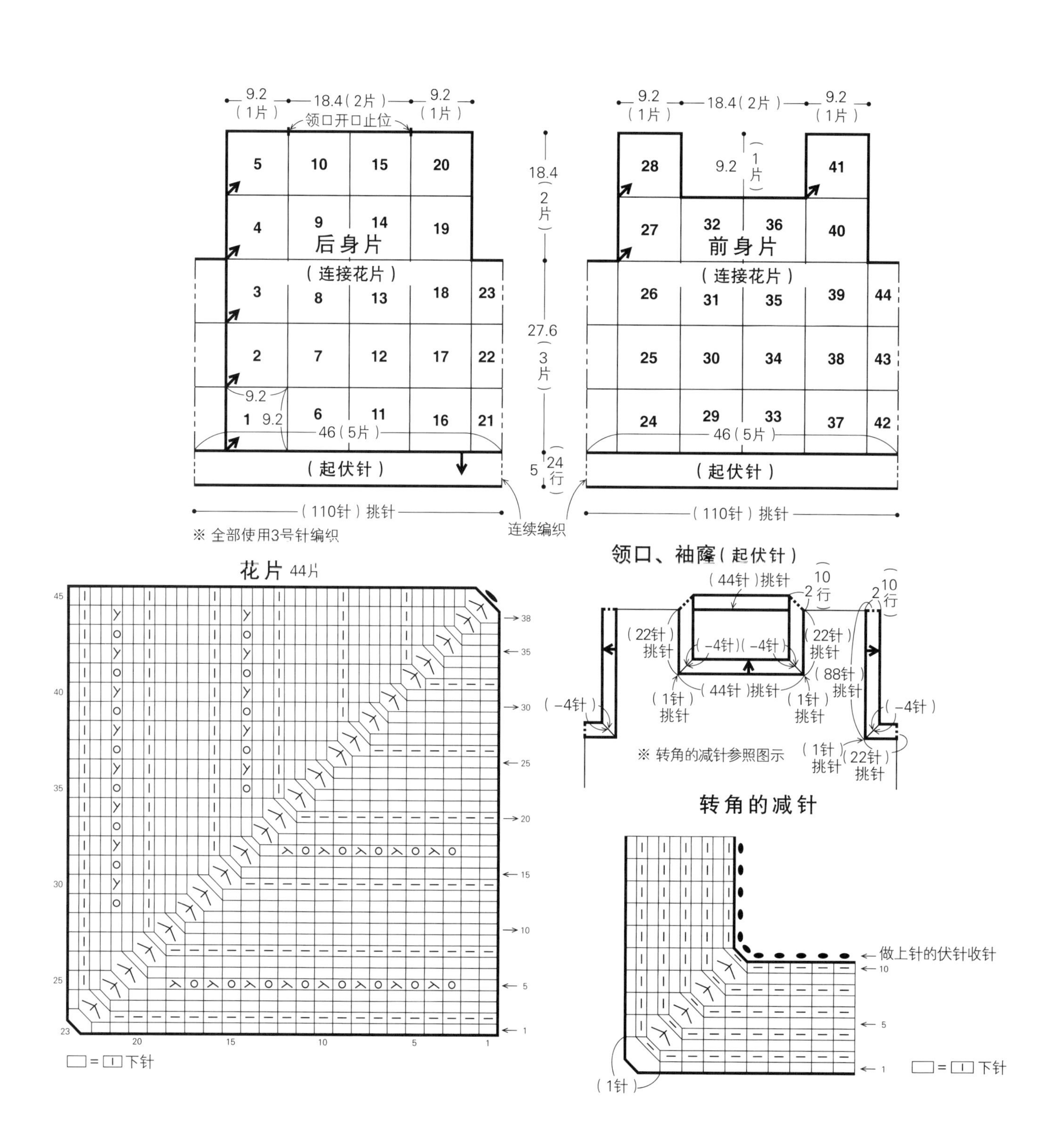

## 花片的连接方法

● = 挑针位置
☆ = 连续编织

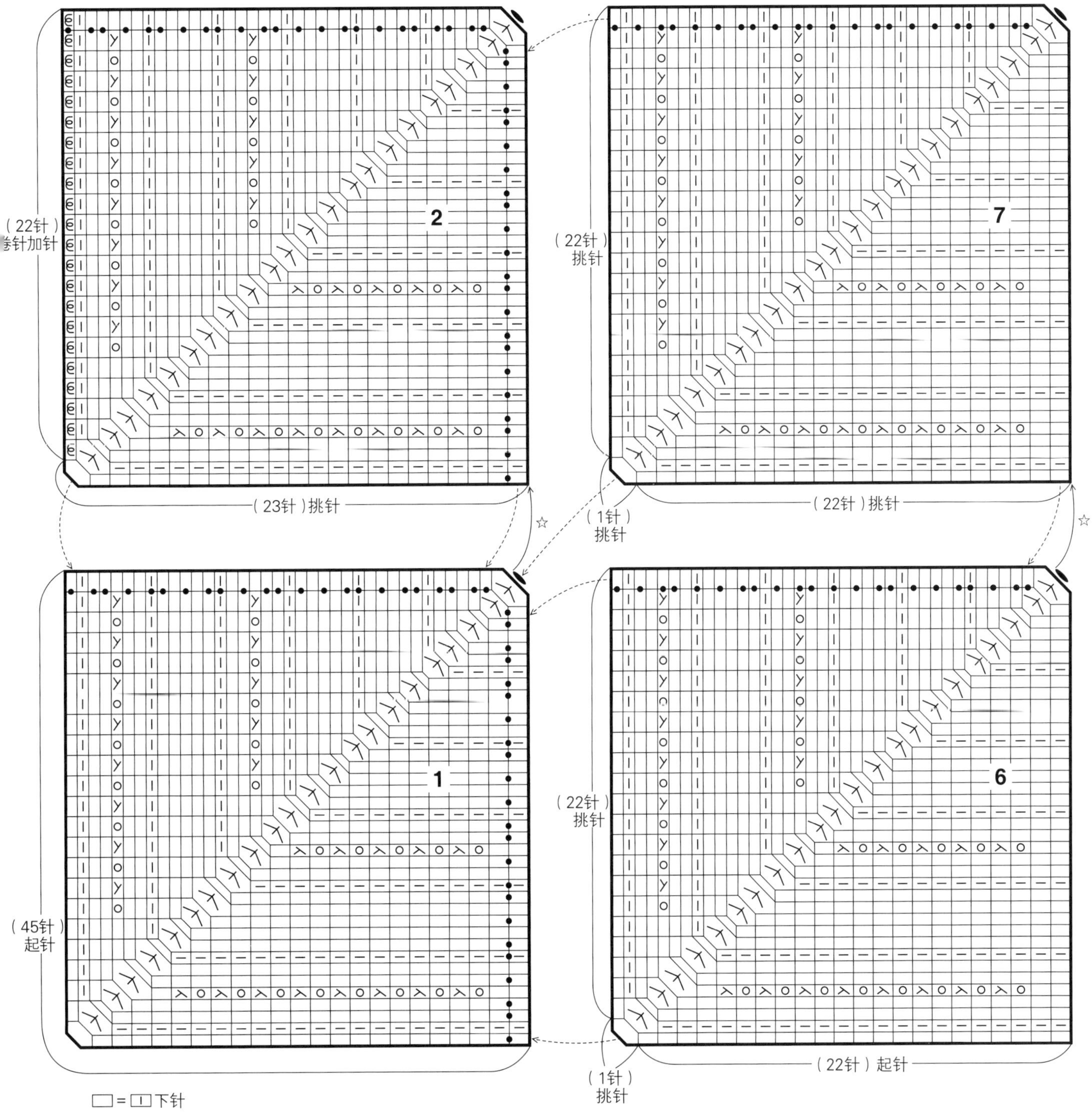

2

7

1

6

(22针)
卷针加针

(23针)挑针

☆

(22针)
挑针

(1针)
挑针

(22针)挑针

☆

(45针)
起针

(22针)
挑针

(1针)
挑针

(22针)起针

□ = 丨 下针

木 ⇨编织方法见p.94

# 21

p.26

**■材料** Ski Fraulein（中粗）深绿色（2950）550g/14团，直径2cm的纽扣4颗

**■工具** 棒针10号、7号

**■成品尺寸** 胸围120cm，衣长55cm，连肩袖长70cm

**■编织密度** 10cm×10cm面积内：编织花样A、A' 均为22针，27行；编织花样B 18针，27行

**■编织要点** 身片另线锁针起针后，按编织花样A、A'、B、C编织。领窝减2针及以上时做伏针减针，减1针时立起边针减针。斜肩做留针的引返编织。接着，肩部做盖针接合。衣袖从身片挑针，按编织花样B、C编织，袖下立起边针减针。袖口平均加针后编织双罗纹针，最后按前一行针目做伏针收针。胁部和袖下做挑针缝合，下摆将前、后身片连起来编织双罗纹针。前门襟和衣领编织双罗纹针，并在右前门襟的第3行留出扣眼。

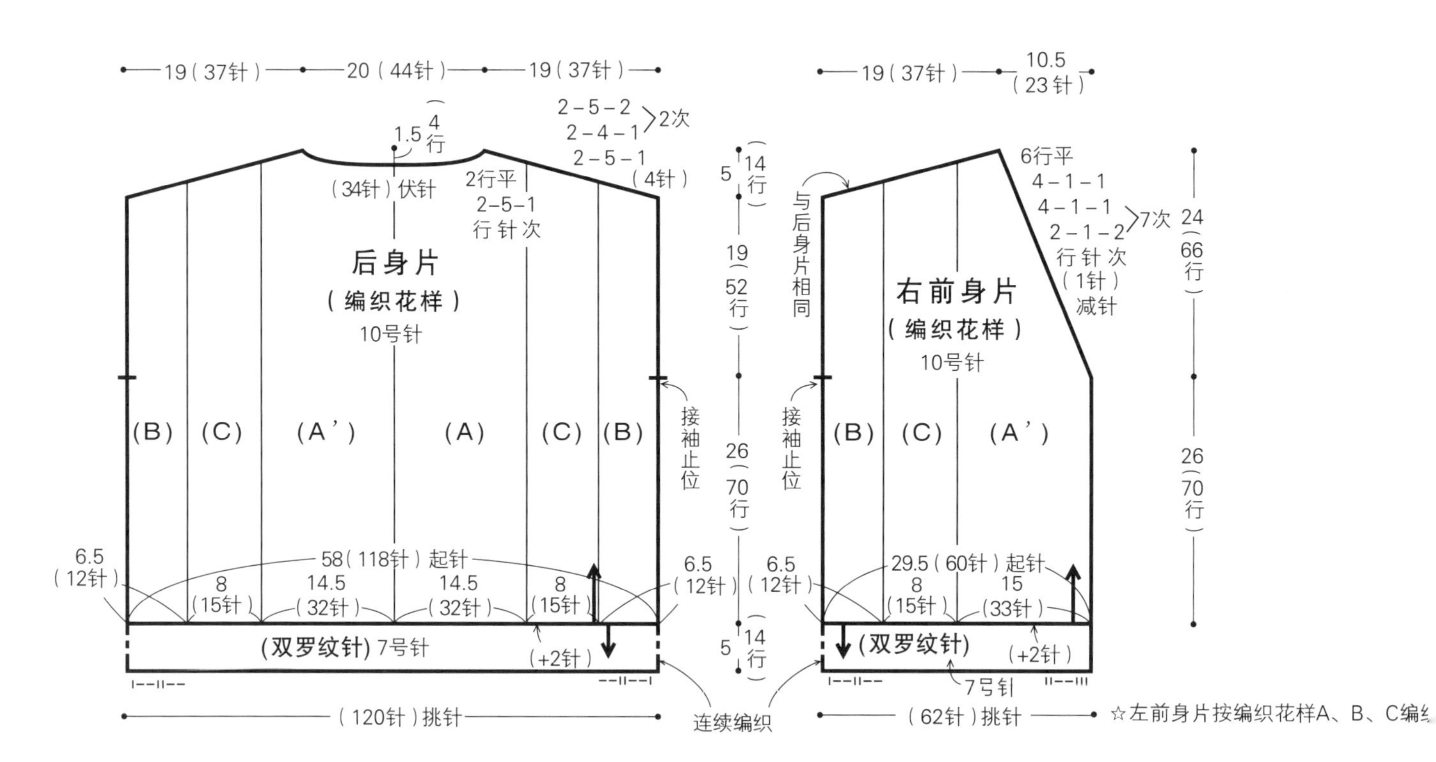


⇨后领窝的编织方法见p.75

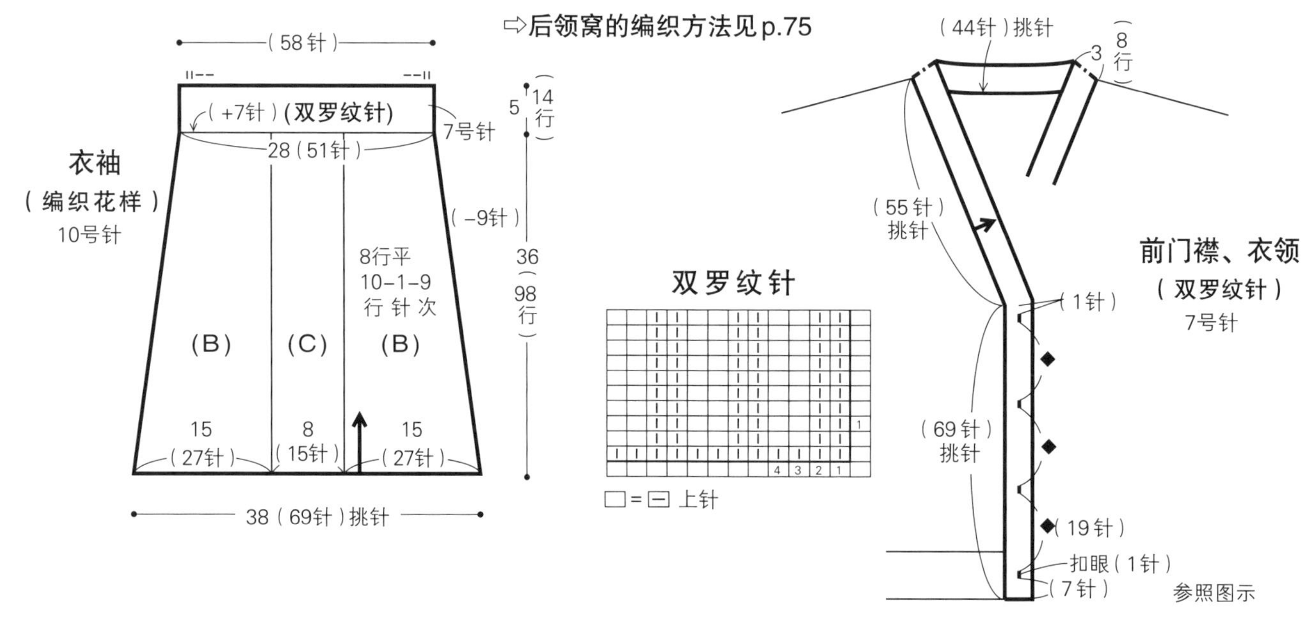

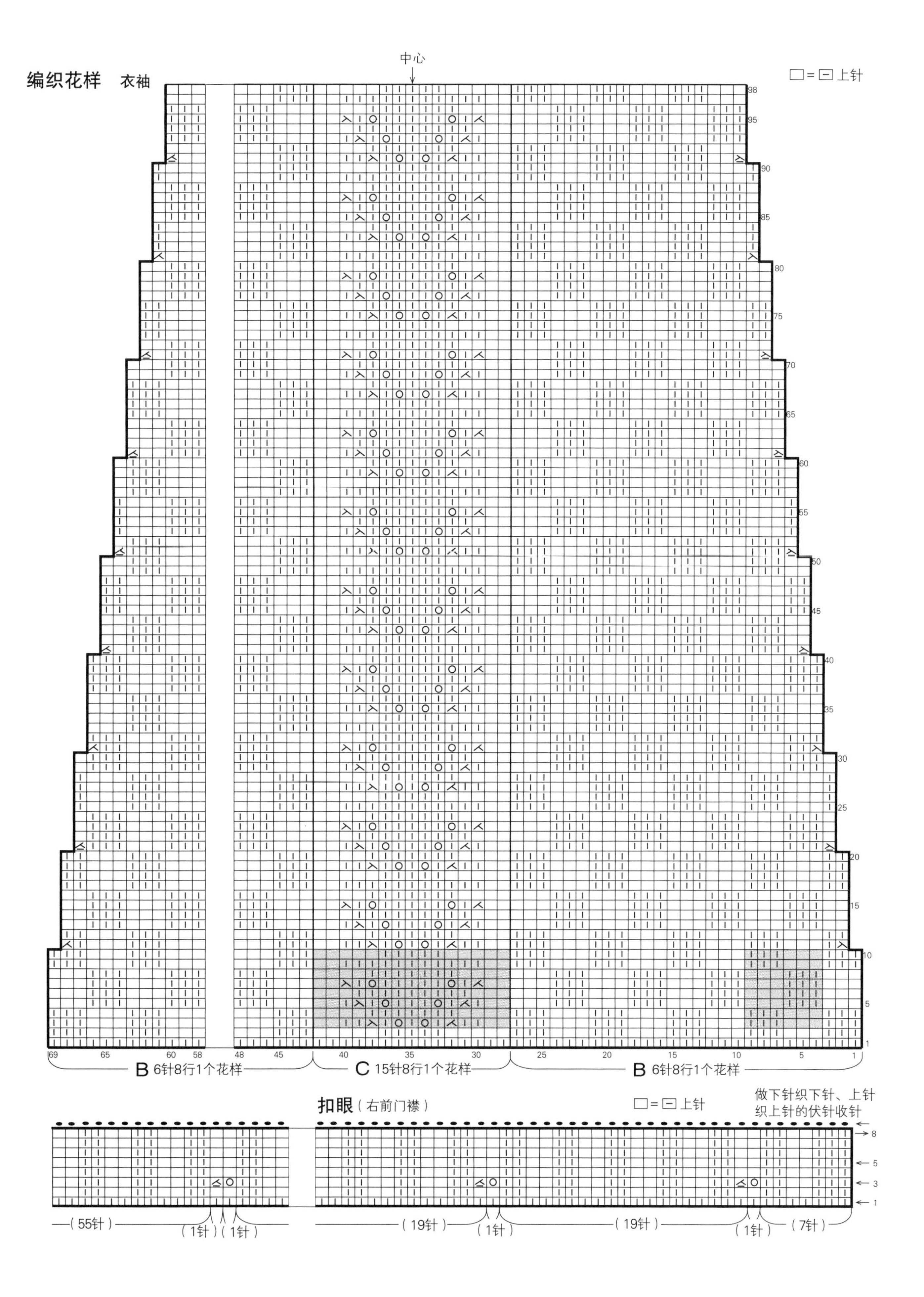
编织花样　衣袖
中心
□=⊟ 上针
98
95
90
85
80
75
70
65
60
55
50
45
40
35
30
25
20
15
10
5
1
69
65
60
58
48
45
40
35
30
25
20
15
10
5
1
B 6针8行1个花样
C 15针8行1个花样
B 6针8行1个花样
扣眼（右前门襟）
□=⊟ 上针
做下针织下针、上针
织上针的伏针收针
8
5
3
1
（55针）
（1针）（1针）
（19针）
（1针）
（19针）
（1针）
（7针）

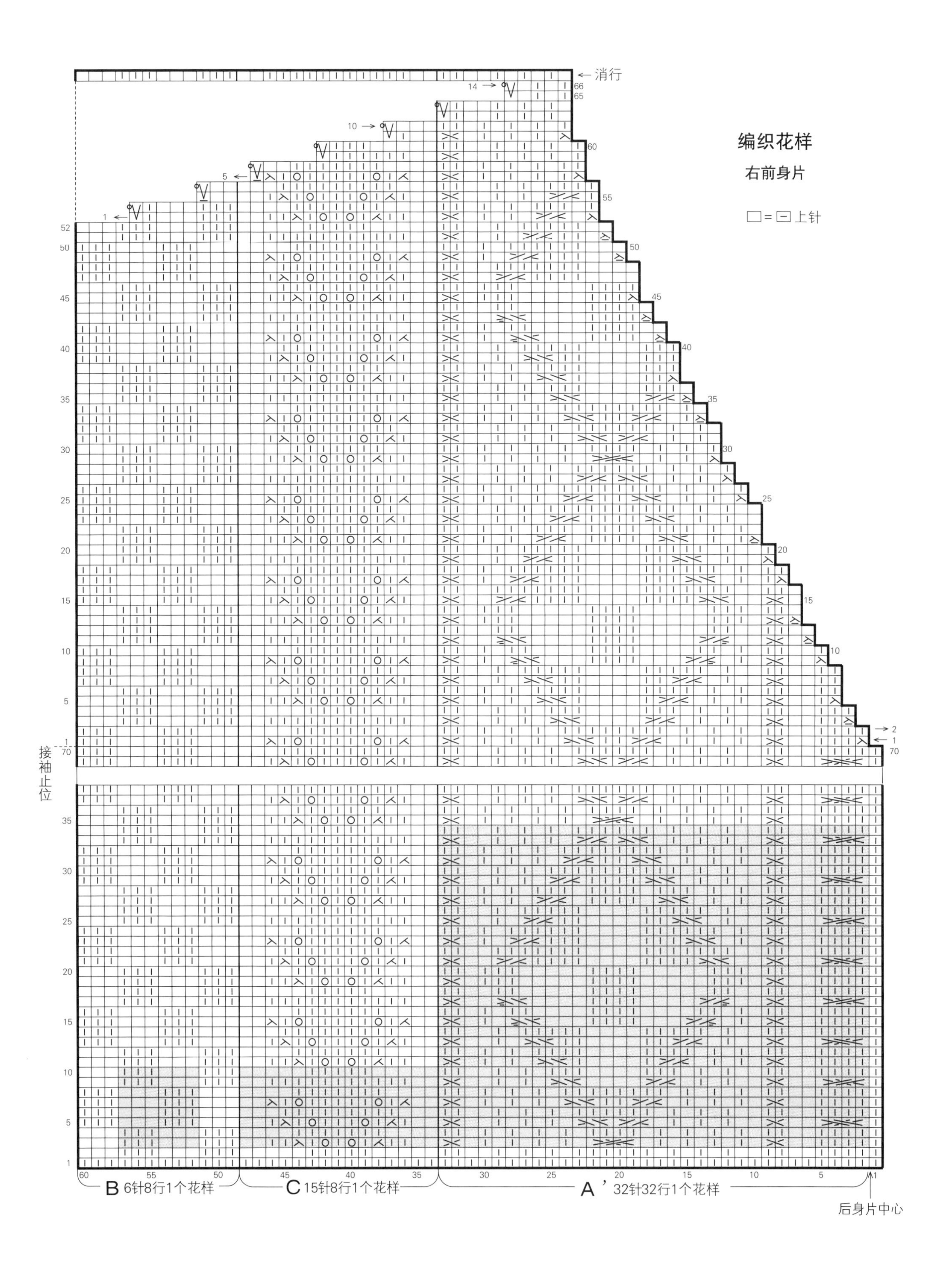

编织花样
右前身片
□=⊟ 上针
消行
接袖止位
B 6针8行1个花样
C 15针8行1个花样
A' 32针32行1个花样
后身片中心

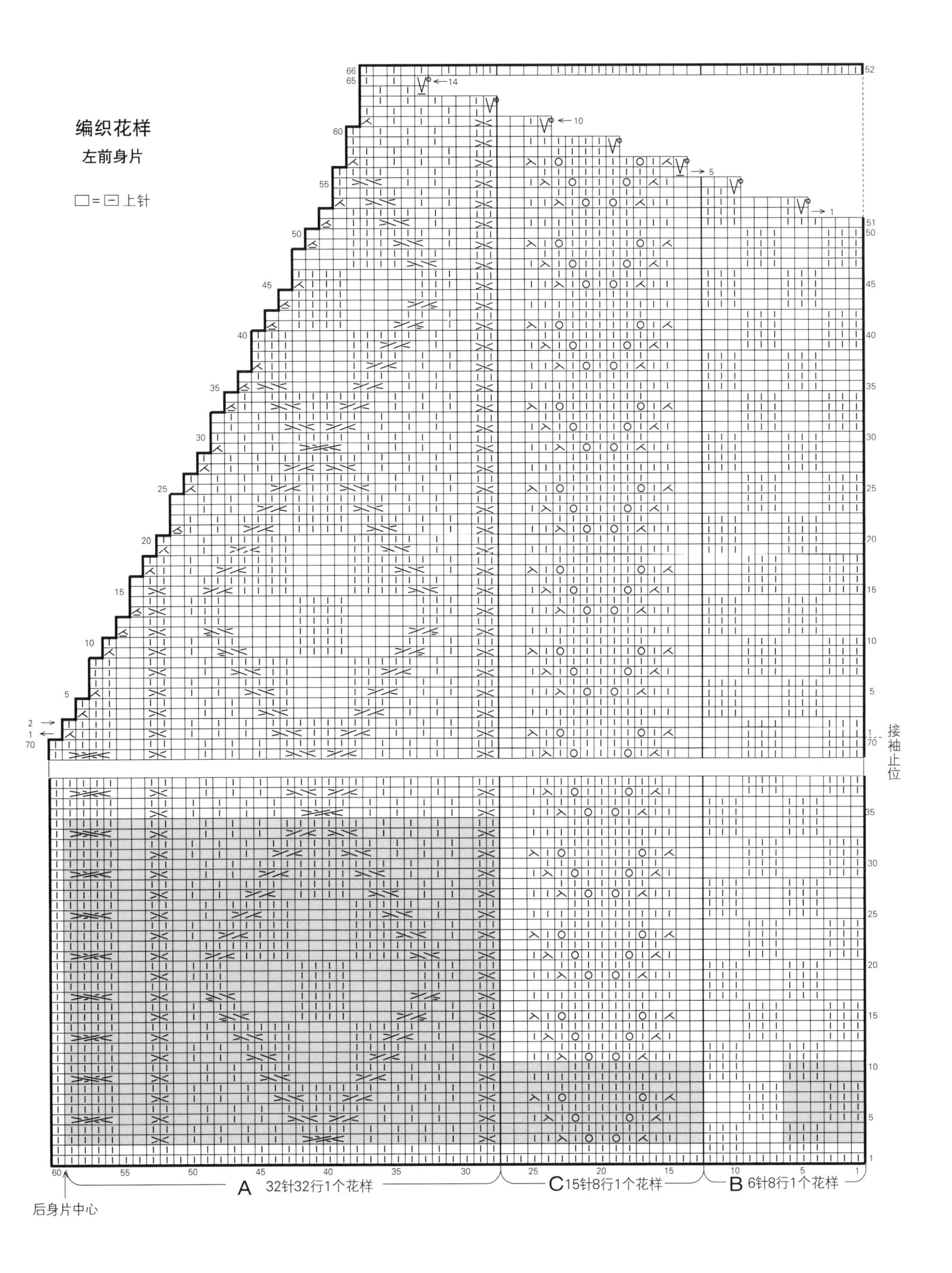

编织花样
左前身片
□=⊟ 上针
接袖止位
后身片中心
A 32针32行1个花样
C 15针8行1个花样
B 6针8行1个花样

# 22

p.27

■**材料**　Ski Lobel（中粗）绿色、红褐色段染线（8104）360g/12团，直径1.5cm的纽扣1颗

■**工具**　棒针8号、6号，钩针5/0号

■**成品尺寸**　胸围98cm，肩宽35cm，衣长60cm，袖长53cm

■**编织密度**　10cm×10cm面积内：下针编织20针，26行；编织花样24.5针，26行

■**编织要点**　身片和衣袖另线锁针起针后，做下针编织和编织花样。身片胁部的减针是立起边针减针，胁部和袖下的加针是在边上1针的内侧做扭针加针。袖窿、领窝、袖山减2针及以上时做伏针减针，减1针时立起边针减针。下摆和袖口解开起针的另线锁针挑针，平均减针后按边缘编织A编织，最后做伏针收针。肩部做盖针接合，胁部和袖下做挑针缝合。衣领从后身片中心开始按边缘编织B做往返编织，伏针收针后接着在后开襟钩织纽襻。衣袖与身片之间做引拔缝合。

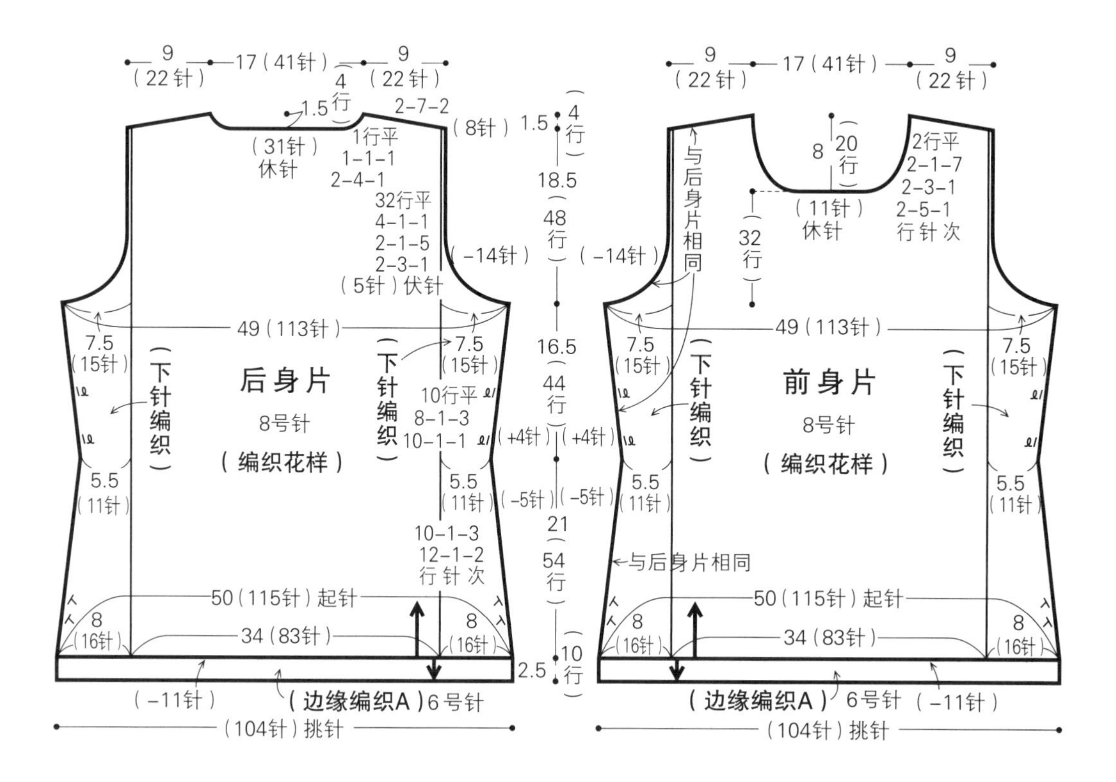


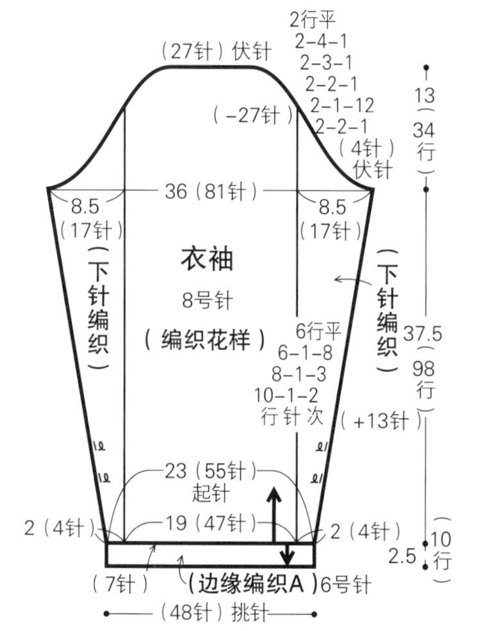


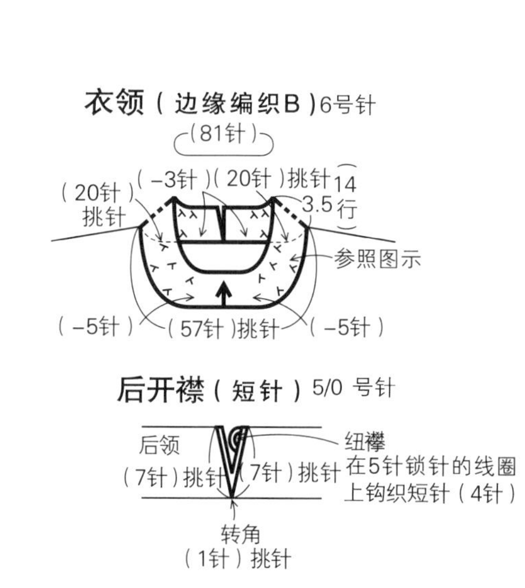

## 编织花样

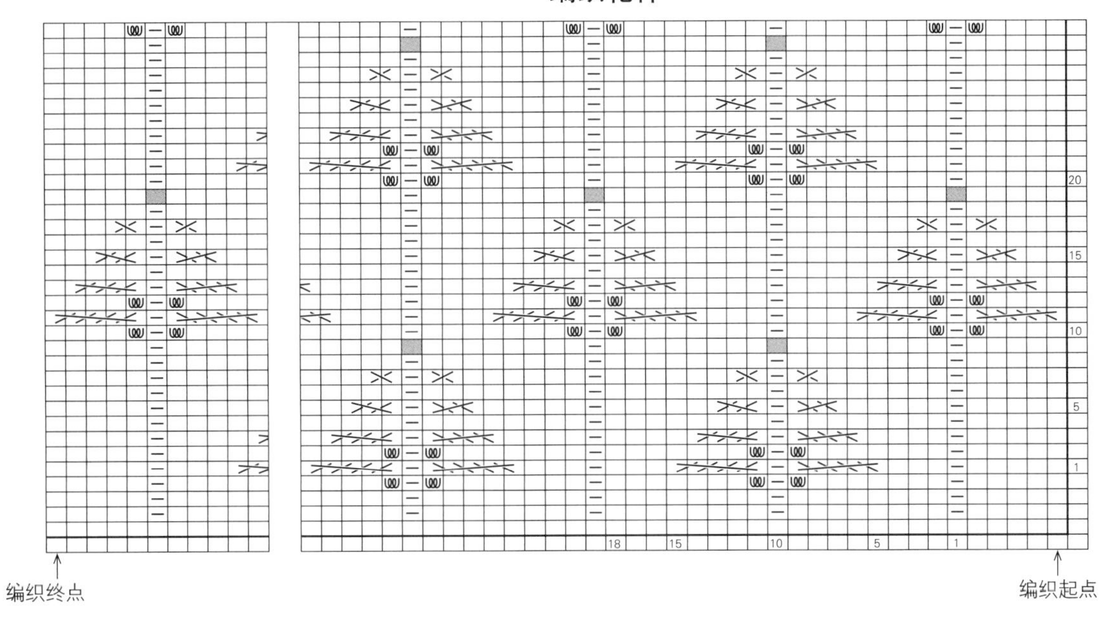


▨ = 枣形针

⌇⌇⌇ = 2卷绕线编

解开前一行的绕线编，编织交叉针

□ = ▯ 下针

## 边缘编织A（下摆、袖口）

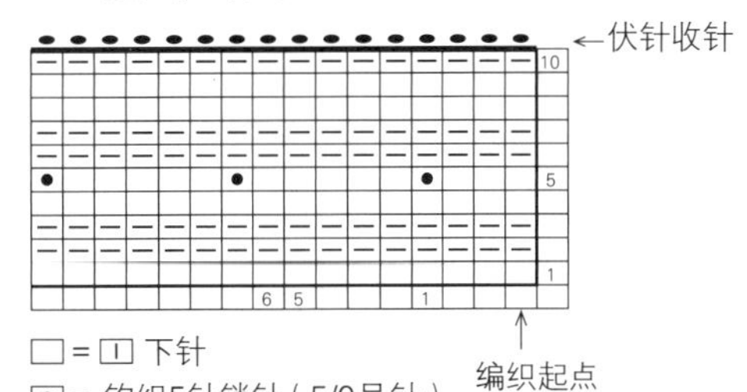


□ = ▯ 下针

● = 钩织5针锁针（5/0号针），在前一行针目上引拔，将针目移至棒针上再编织1针

## 边缘编织B（衣领）

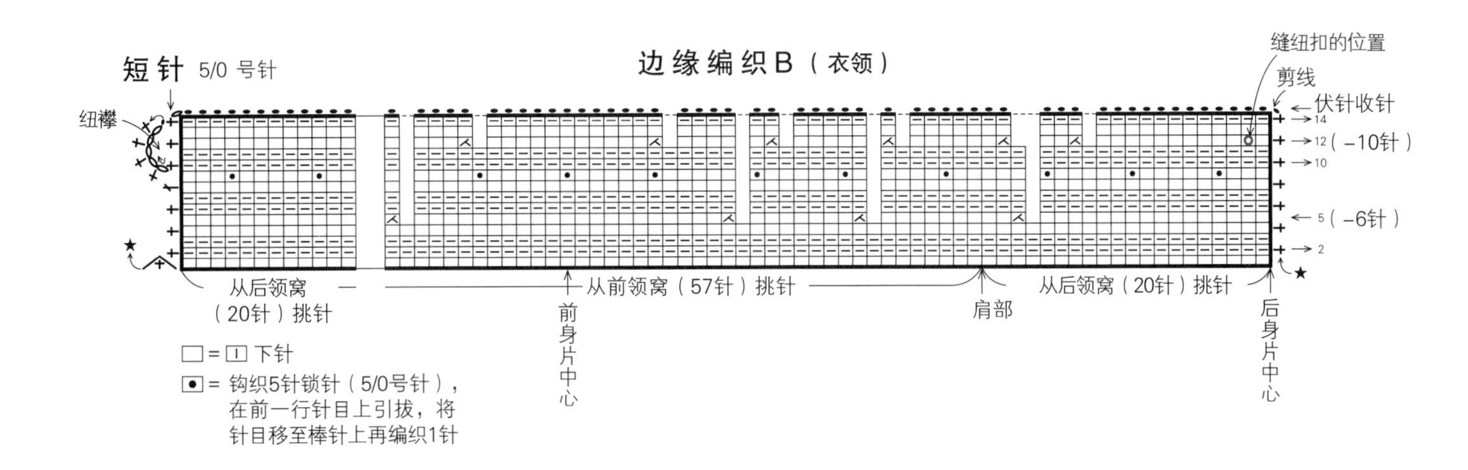


□ = ▯ 下针

● = 钩织5针锁针（5/0号针），在前一行针目上引拔，将针目移至棒针上再编织1针

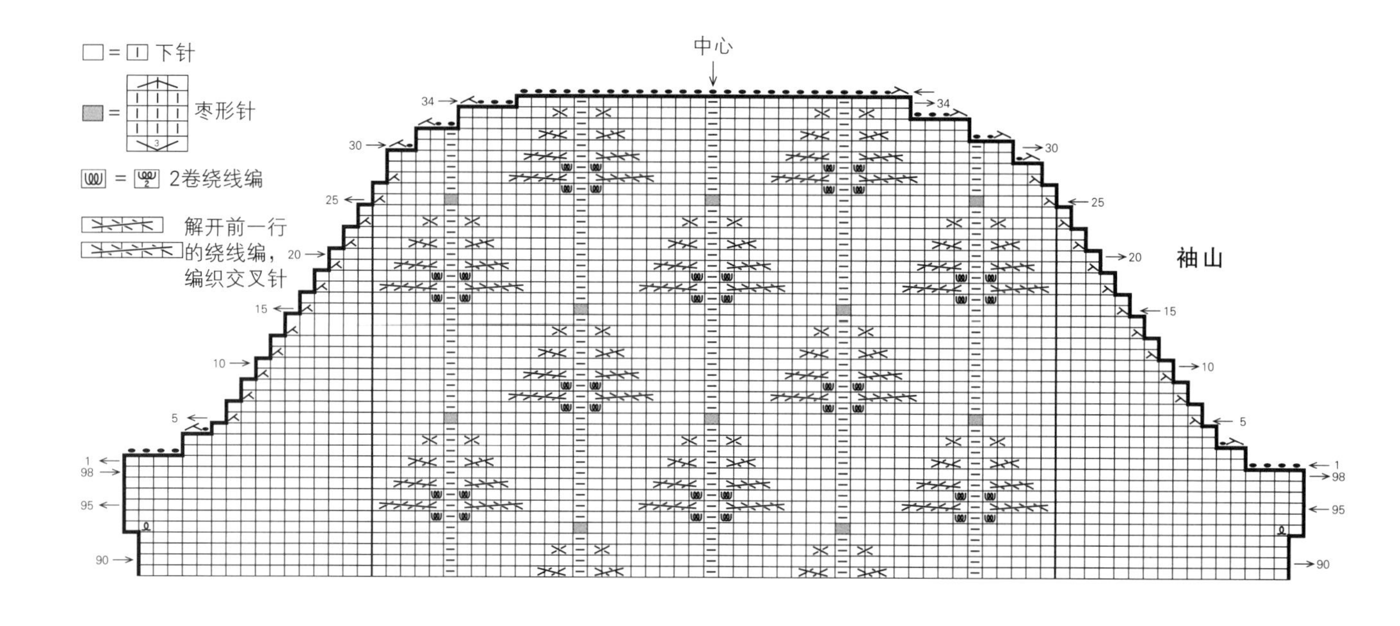


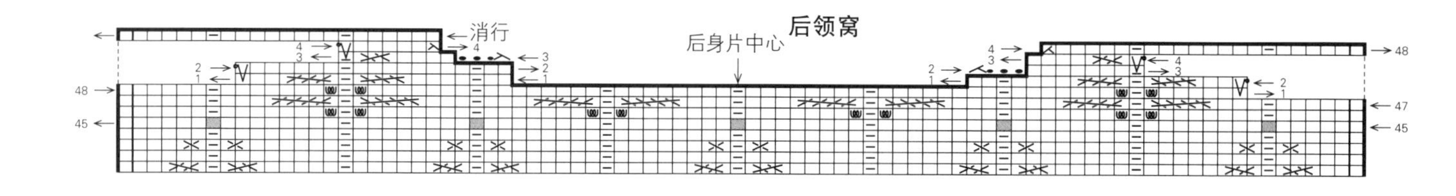


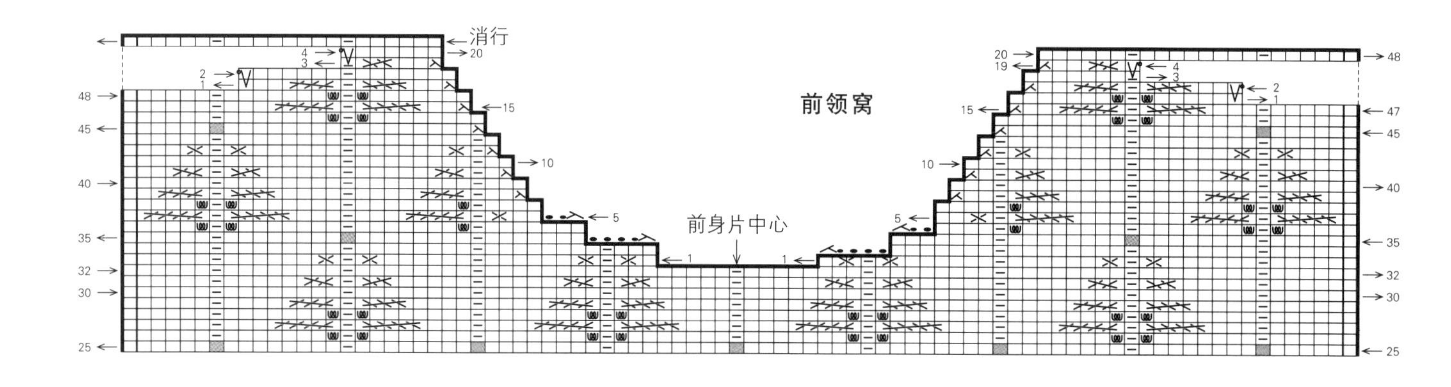

1针放3针的加针

① 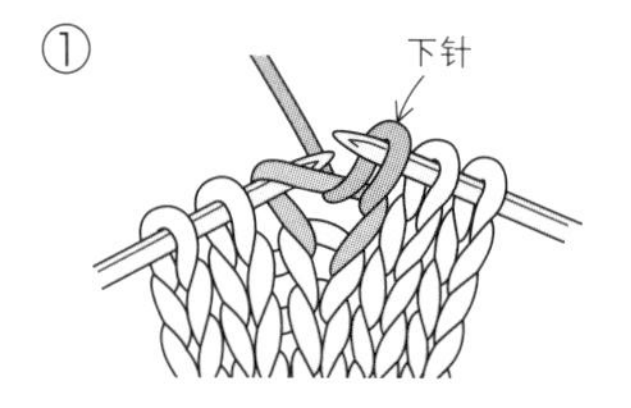


编织1针下针。不要从左棒针上取下针目。

② 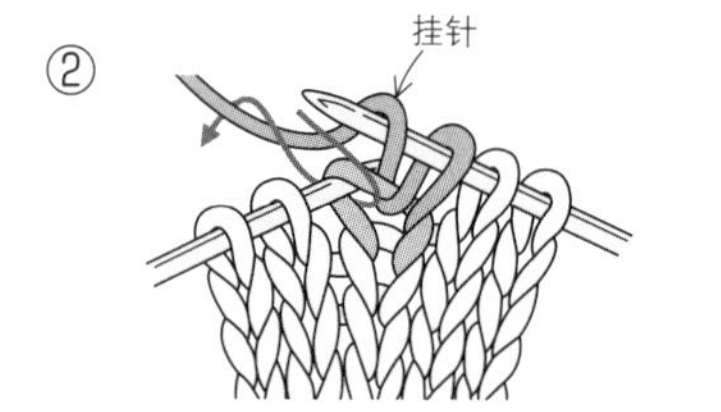


编织1针挂针，再编织1针下针。

③ 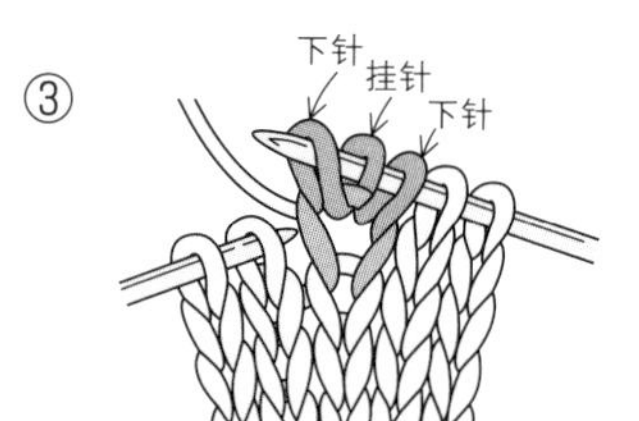


1针放3针的加针就完成了。

# 23

p.28

■**材料**　Ski Merino Silk（粗）薄荷绿色（2621）285g/10团

■**工具**　棒针4号、3号

■**成品尺寸**　胸围90cm，衣长53cm，连肩袖长63cm

■**编织密度**　10cm×10cm面积内：下针编织25.5针，36行；编织花样27针，36行

■**编织要点**　身片手指挂线起针后开始编织起伏针，接着按编织花样编织。在胸部位置换成起伏针编织，平均减针后再接着做下针编织。起伏针使用3号针，其他使用4号针编织。领窝减2针及以上时做伏针减针，减1针时立起边针减针。衣袖的编织方法与身片相同，注意在开衩止位做1针的卷针加针，袖下在边上1针的内侧做扭针加针。前、后身片的肩部做盖针接合。胁部和袖下做挑针缝合。衣领环形编织扭针的单罗纹针，V领领尖如图所示立起前中心的1针减针，最后做扭针的单罗纹针收针。衣袖与身片之间做引拔缝合。

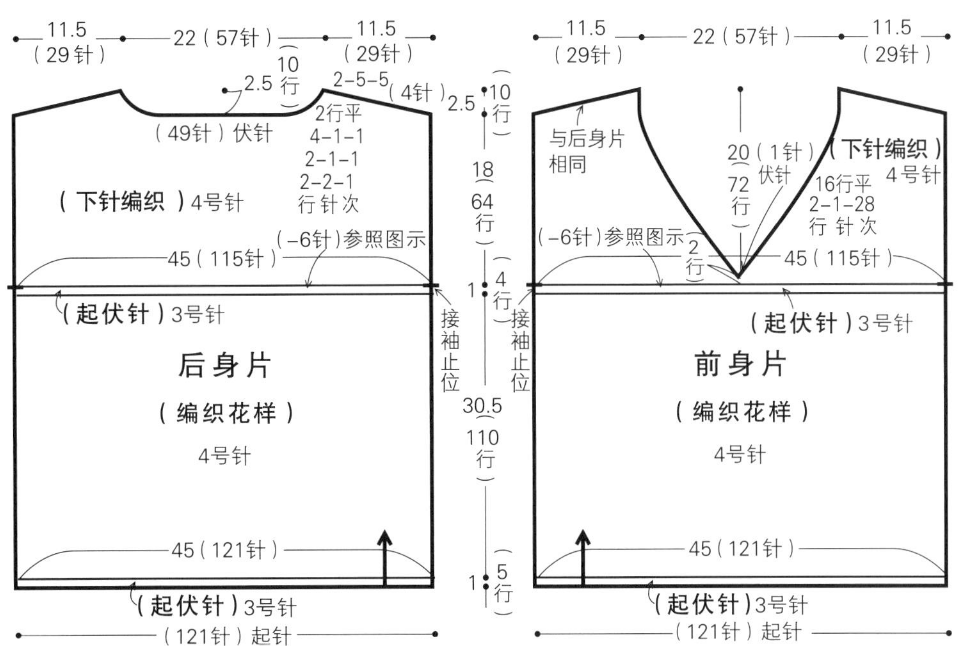


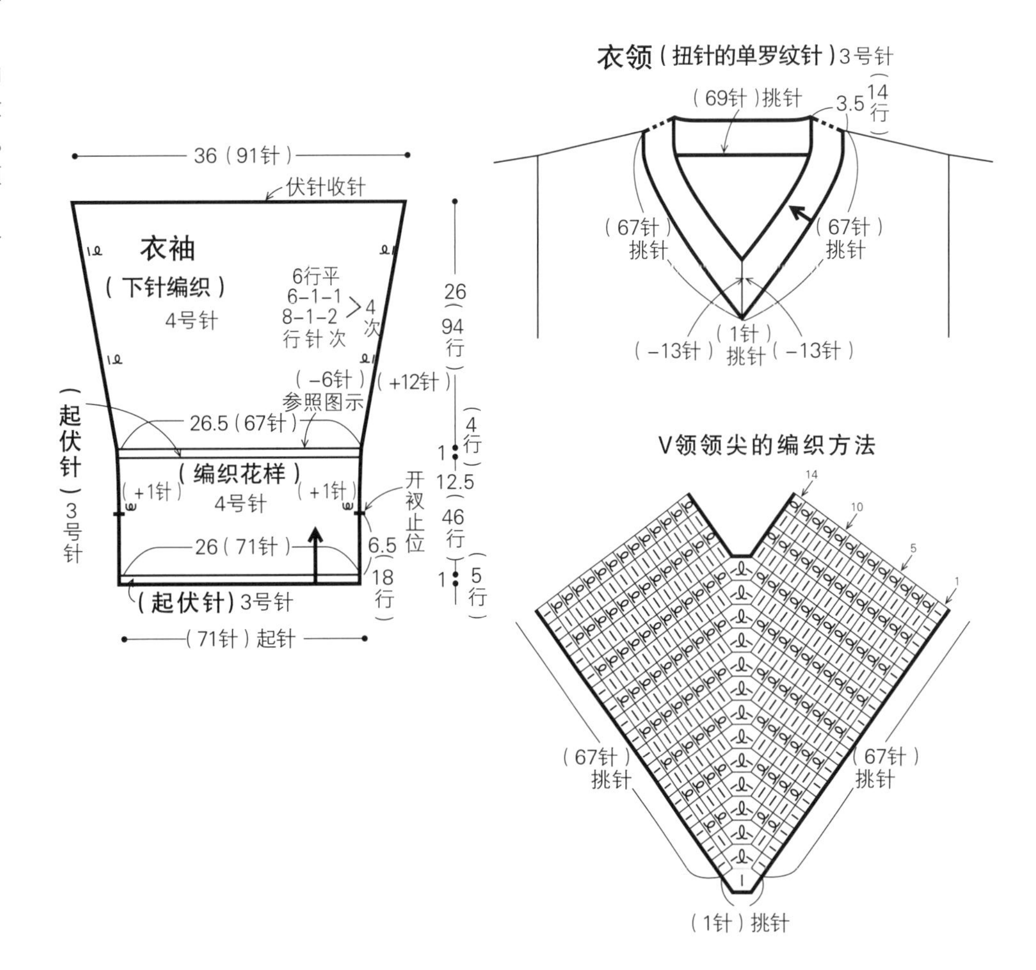

## 编织花样 身片

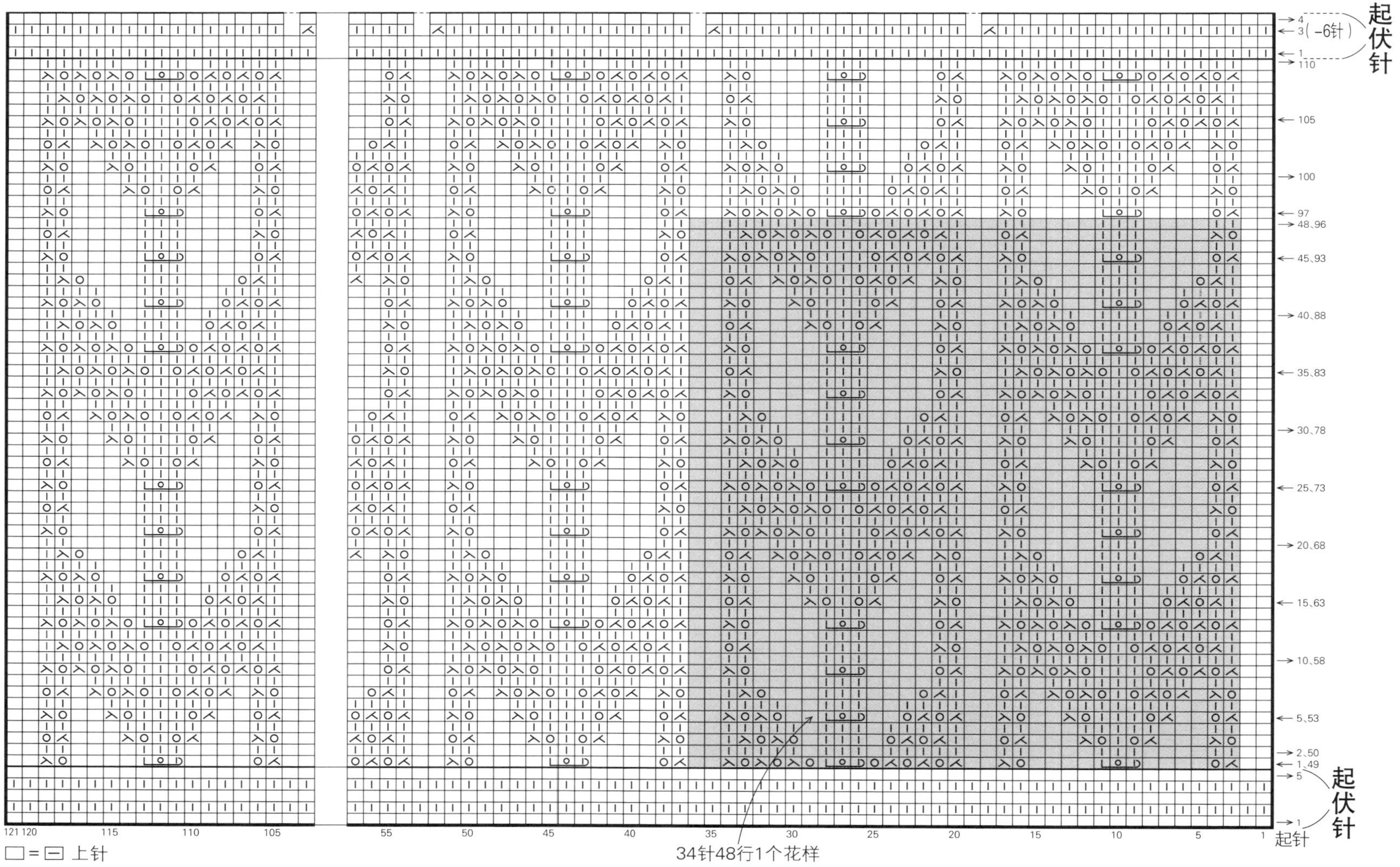

起伏针
4
3（−6针）
1
110
105
100
97
48、96
45、93
40、88
35、83
30、78
25、73
20、68
15、63
10、58
5、53
2、50
1、49
5
1
起针
起伏针
121 120
115
110
105
55
50
45
40
35
30
25
20
15
10
5
1
34针48行1个花样


□ = ⊟ 上针

## 编织花样 衣袖

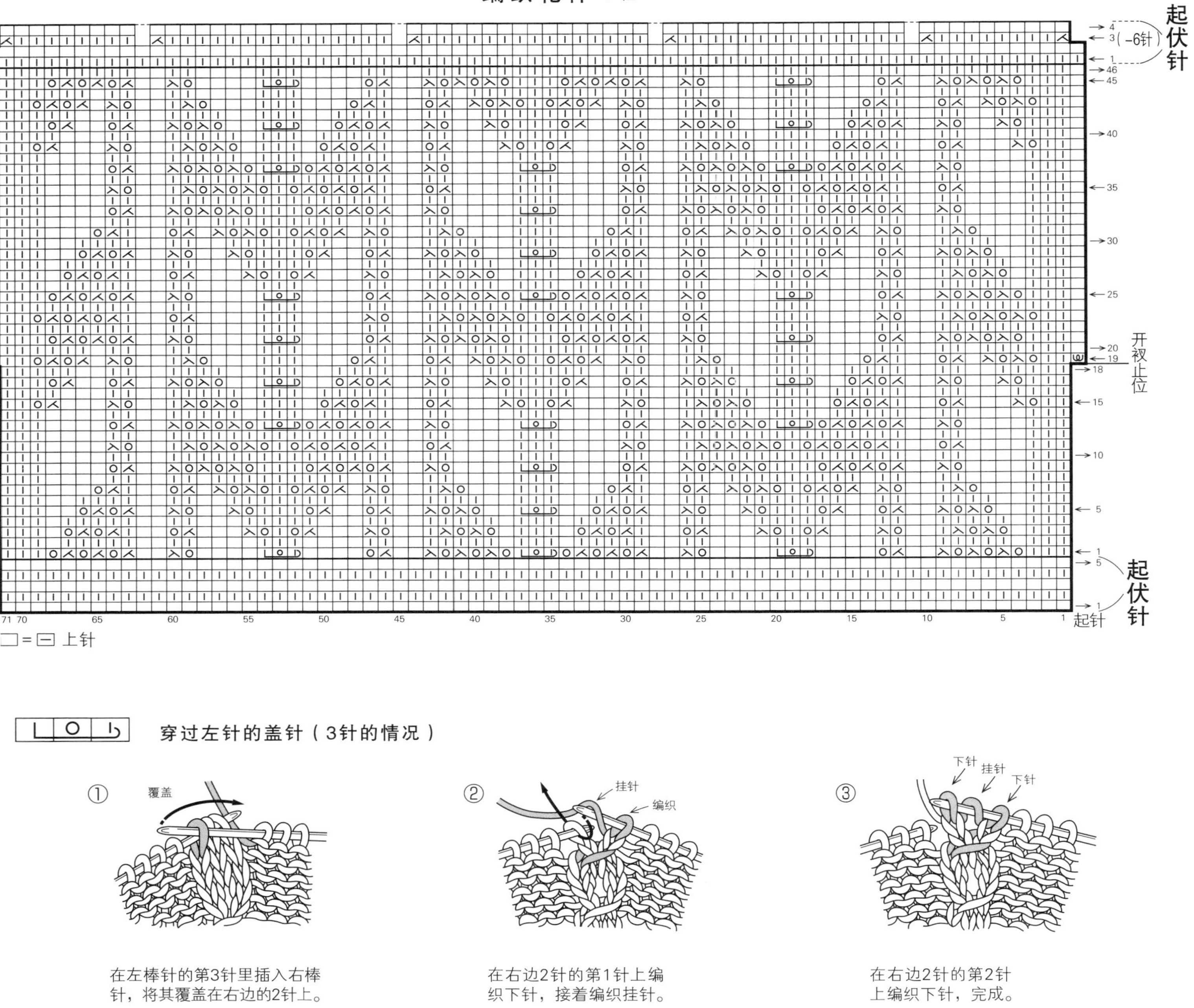


穿过左针的盖针（3针的情况）

① 在左棒针的第3针里插入右棒针，将其覆盖在右边的2针上。

② 在右边2针的第1针上编织下针，接着编织挂针。

③ 在右边2针的第2针上编织下针，完成。

# 24

p.29

**■材料** Ski Tasmanian Polwarth（粗）黄色（7007）390g/10团

**■工具** 棒针6号、5号

**■成品尺寸** 胸围100cm，衣长54.5cm，连肩袖长71cm

**■编织密度** 10cm×10cm面积内：下针编织24针，32.5行；编织花样B 27.5针，35行

**■编织要点** 身片手指挂线起针后按编织花样A编织，从花样切换线开始换成编织花样B继续编织。领窝减2针及以上时做伏针减针，减1针时立起边针减针。衣袖按编织花样A开始编织，接着做下针编织。袖下在边上1针的内侧做扭针加针，袖山做留针的引返编织。肩部做盖针接合，衣袖与身片之间做针与行的接合，胁部和袖下做挑针缝合。衣领按编织花样A环形编织，最后做伏针收针。

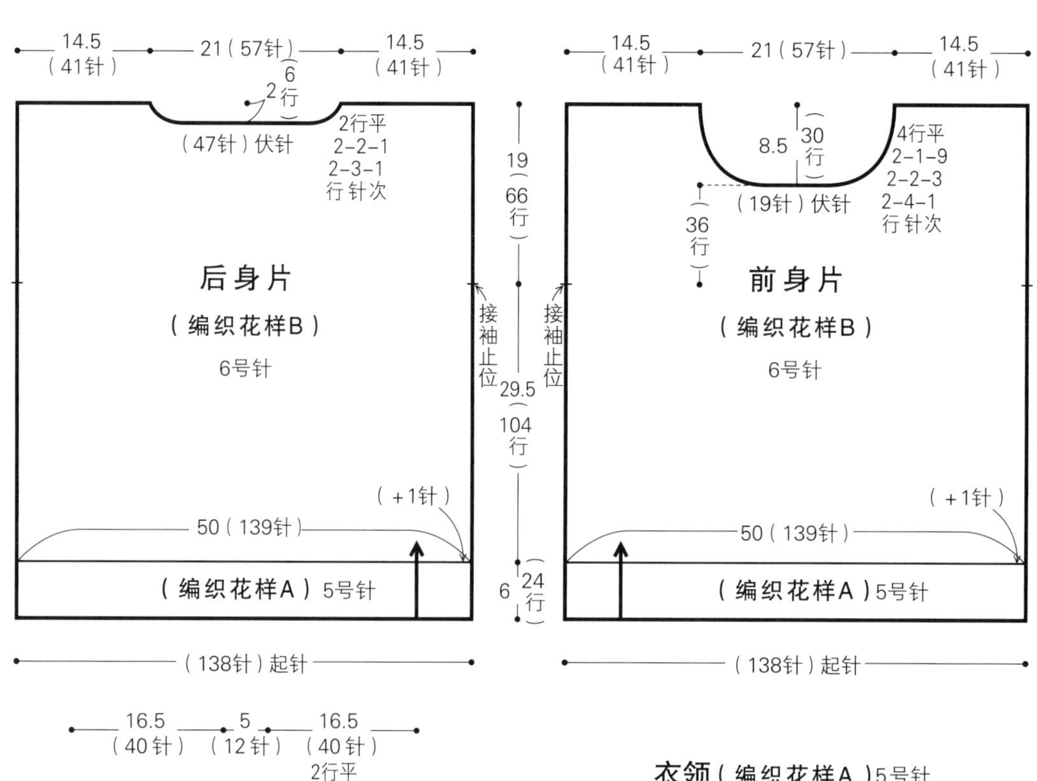


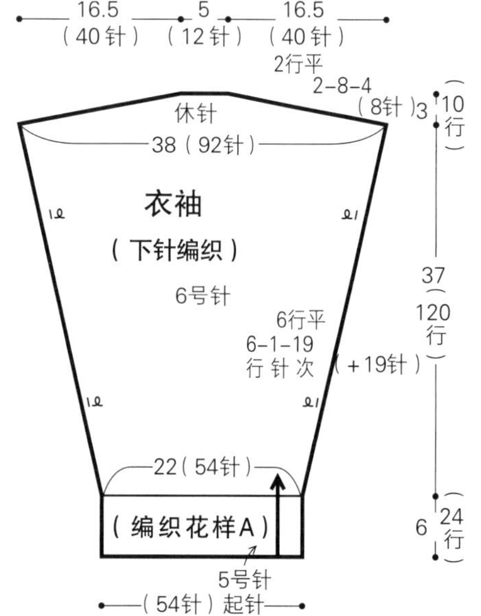


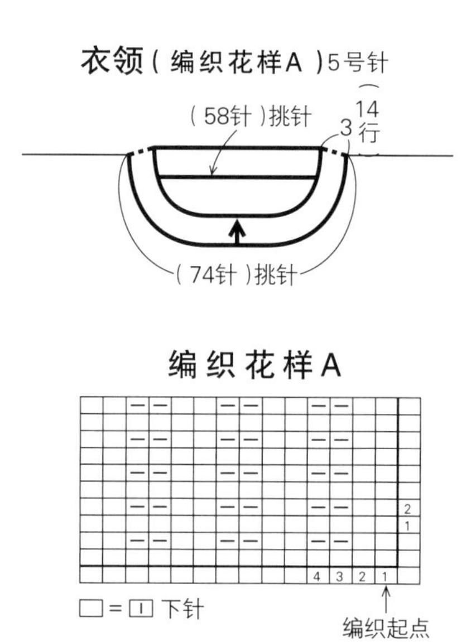

## 编织花样B

16针20行1个花样

※ 注意前、后身片花样的左右两端不同

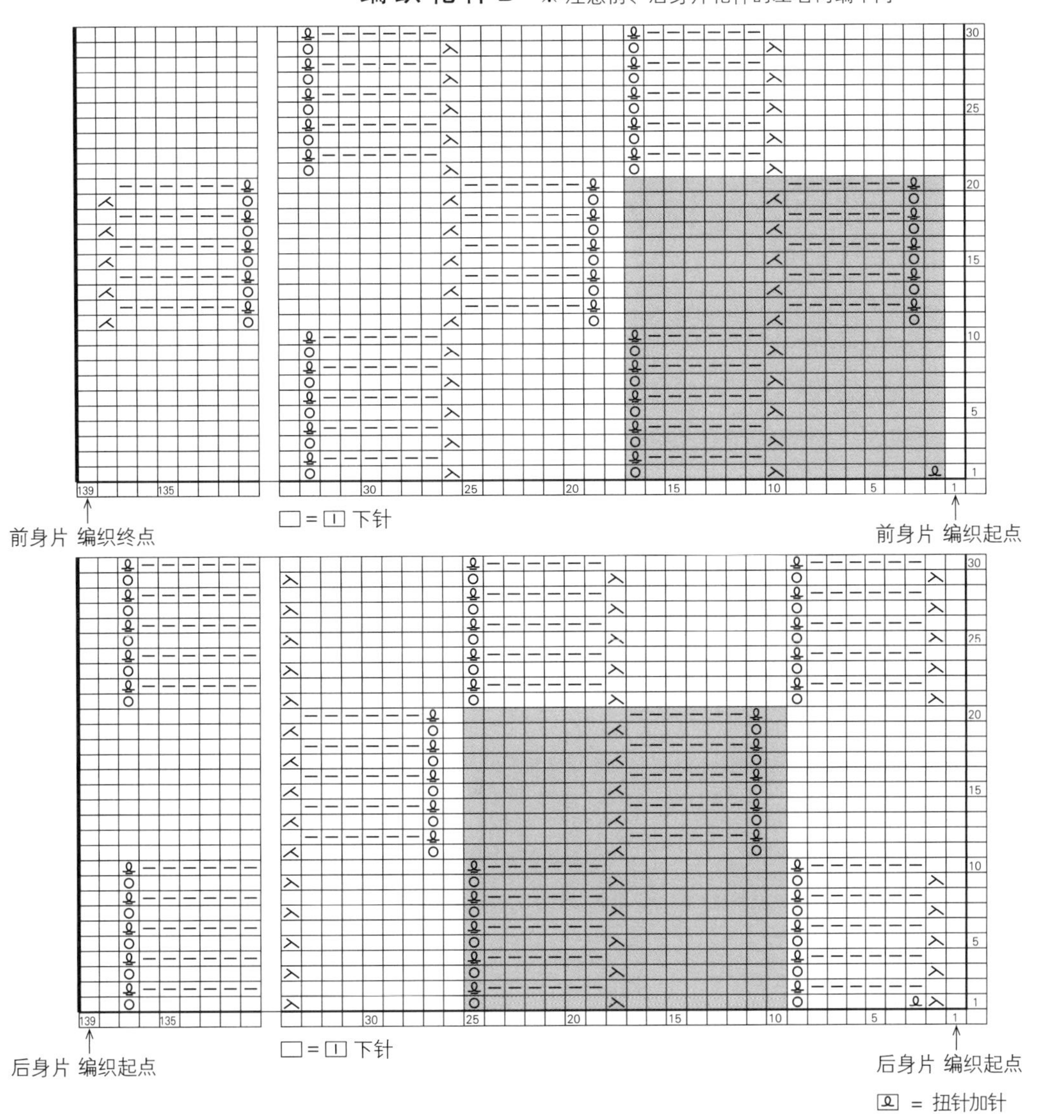


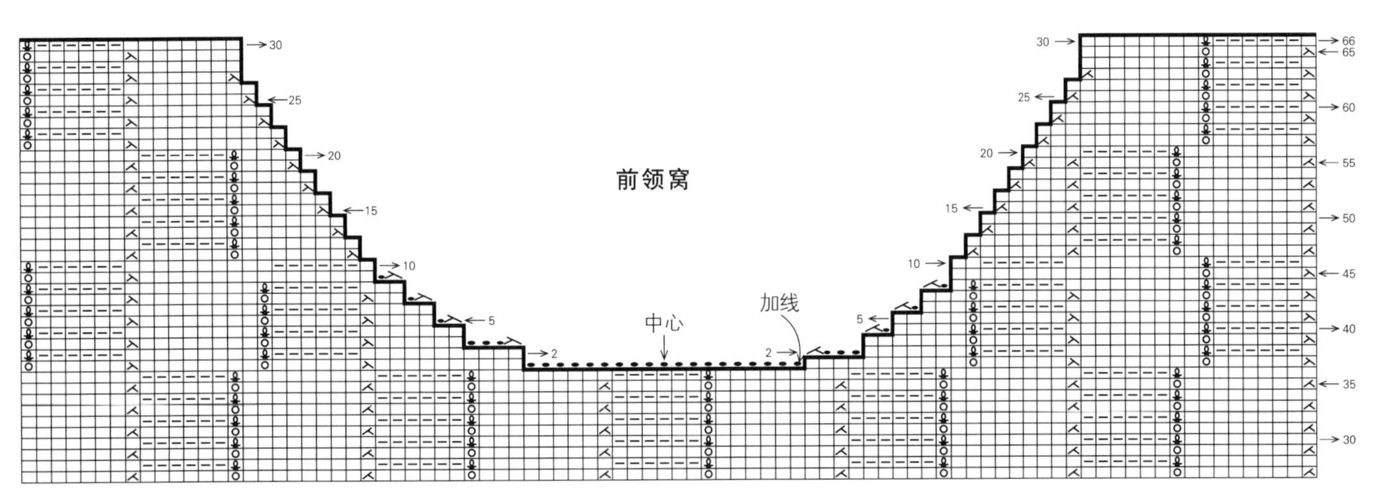

# 25

p.30

**■材料**　Ski Fraulein（中粗）乳黄色（2946）440g/11团

**■工具**　棒针7号、8号，钩针7/0号

**■成品尺寸**　胸围92cm，衣长55cm，连肩袖长71cm

**■编织密度**　10cm×10cm面积内：下针编织19.5针，25行；编织花样A 19针，26.5行

**■编织要点**　身片手指挂线起针后开始编织起伏针，接着做编织花样A和下针编织。领窝减2针及以上时做伏针减针，减1针时立起边针减针。衣袖的编织方法与身片相同，袖下在边上1针的内侧做扭针加针。肩部做盖针接合。衣领按编织花样B环形编织，最后从反面钩织短针收针。衣袖与身片之间做针与行的接合，胁部和袖下做挑针缝合。

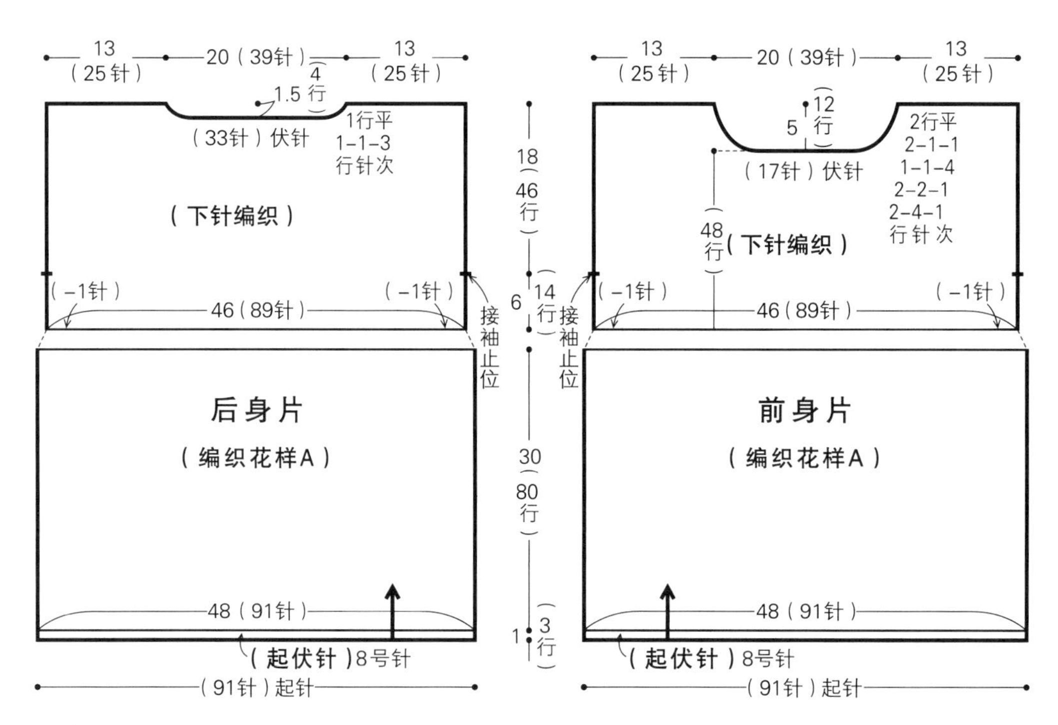


※ 除指定以外均用7号针编织

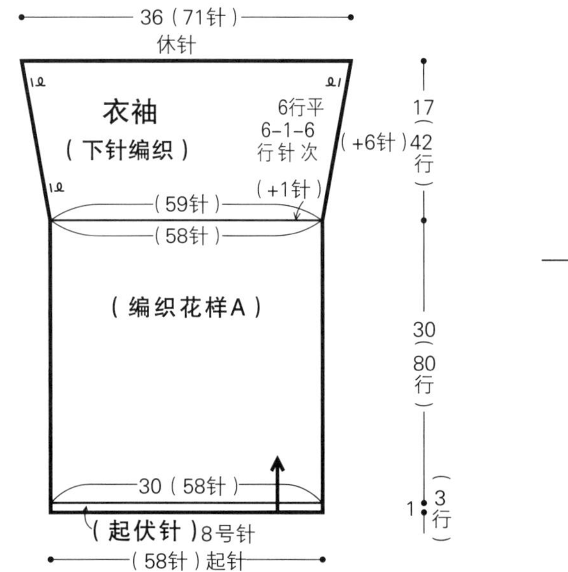


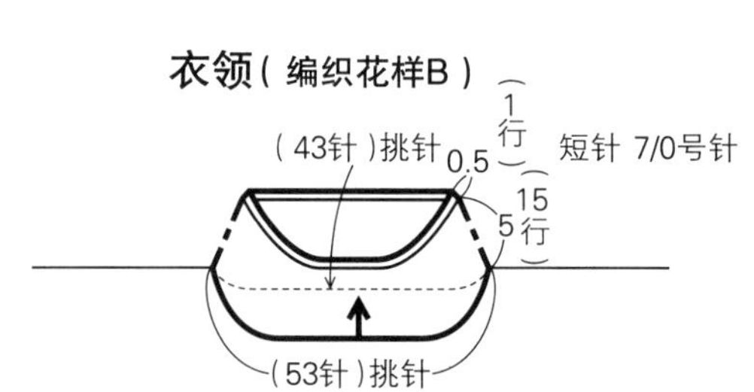

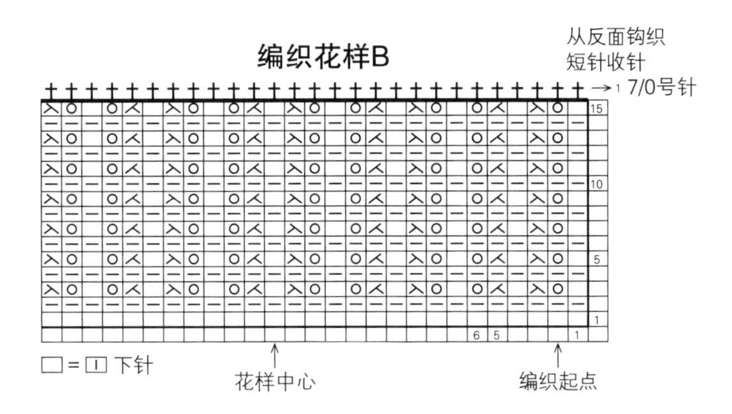


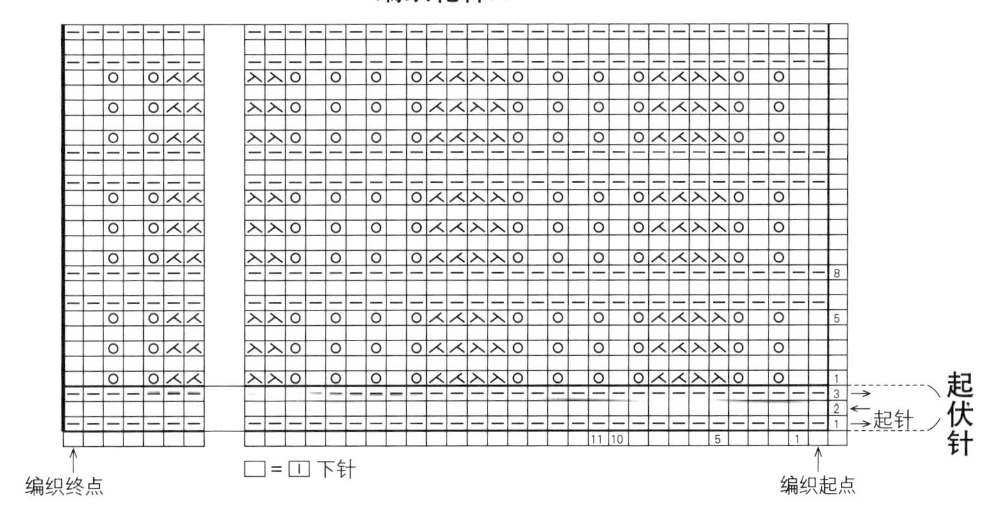


## 盖针接合

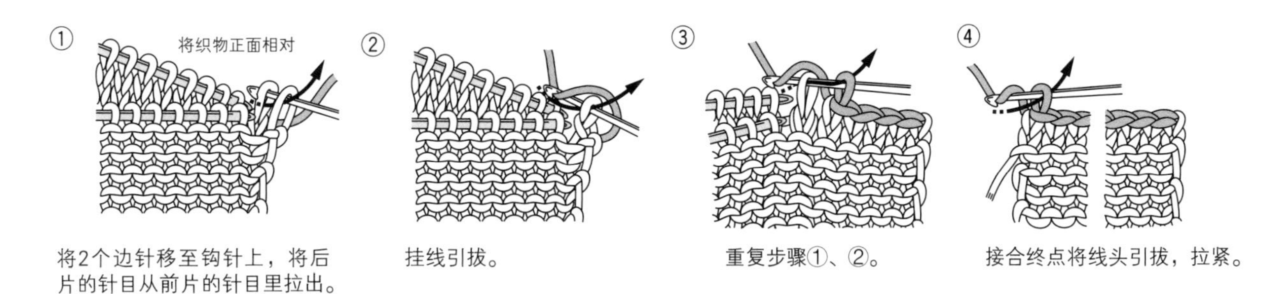


① 将2个边针移至钩针上，将后片的针目从前片的针目里拉出。

② 挂线引拔。

③ 重复步骤①、②。

④ 接合终点将线头引拔，拉紧。

# 26

p.31

**■材料** Ski UK Blend Melange（极粗）蓝色（8017）570g/15团，原白色（8002）15g/1团

**■工具** 棒针10号、8号，钩针7/0号

**■成品尺寸** 胸围106cm，衣长59cm，连肩袖长68.5cm

**■编织密度** 10cm×10cm面积内：上针编织16针，23行；编织花样20.5针，23行

**■编织要点** 身片手指挂线起针后编织单罗纹针，从花样切换位置开始做编织花样和上针编织。领窝减2针及以上时做伏针减针。衣袖另线锁针起针后做上针编织，袖下在边上1针的内侧做扭针加针。袖山做伏针减针。袖口平均减针后编织双罗纹针，接着编织4行下针编织后做引拔收针。再从第1行下针编织的下线圈里挑针，用原白色线编织6行下针编织后做引拔收针。肩部做盖针接合。衣领用蓝色线编织12行双罗纹针，平均减针后编织4行下针编织，结束时做引拔收针。与袖口一样从下针编织的下线圈里挑针，用原白色线编织6行下针编织后做引拔收针。衣袖与身片之间做引拔缝合，肋部和袖下分别做挑针缝合。

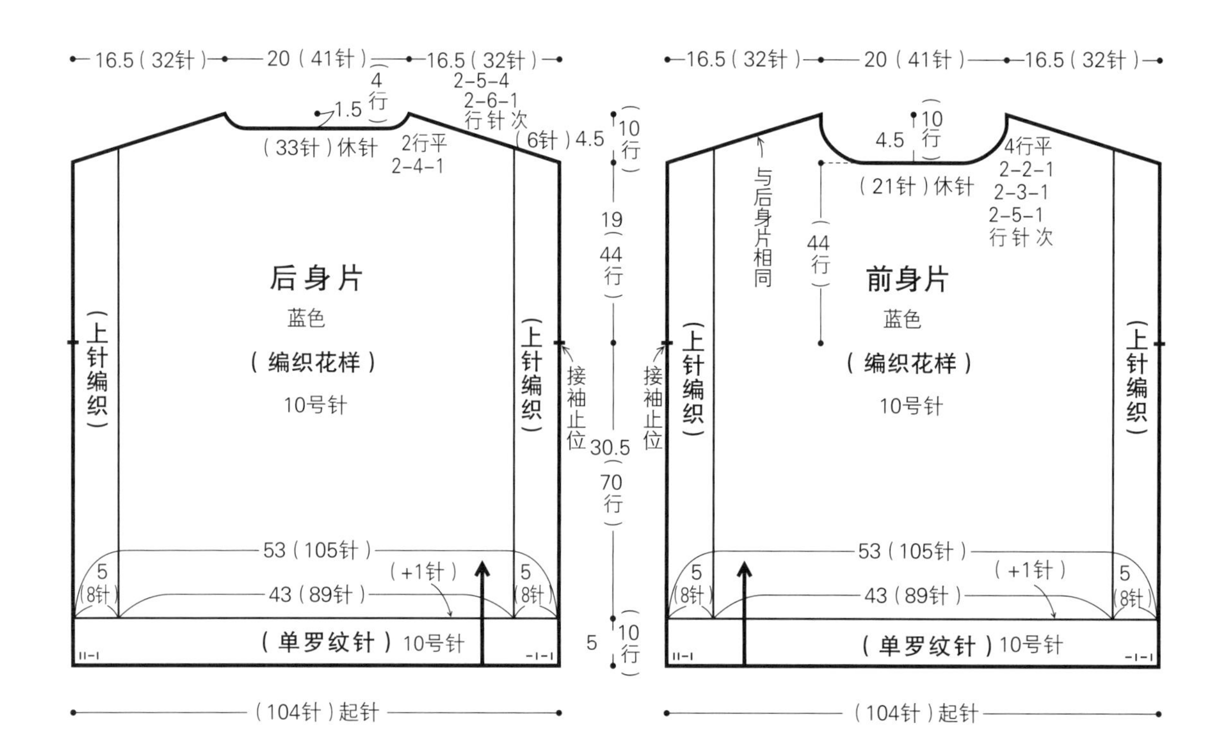


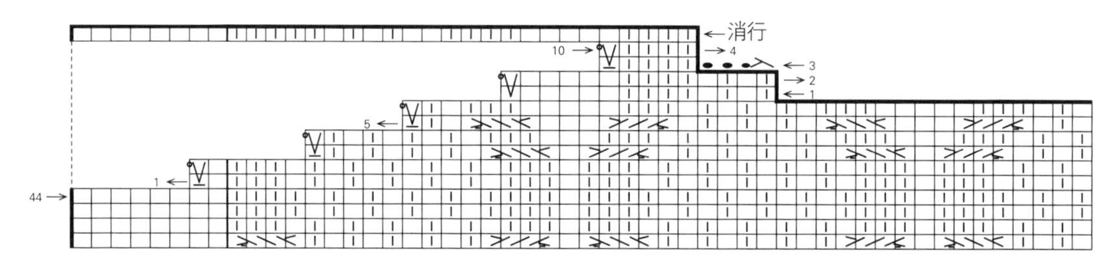


□=⊟ 上针

消行
10
5
1
44
40

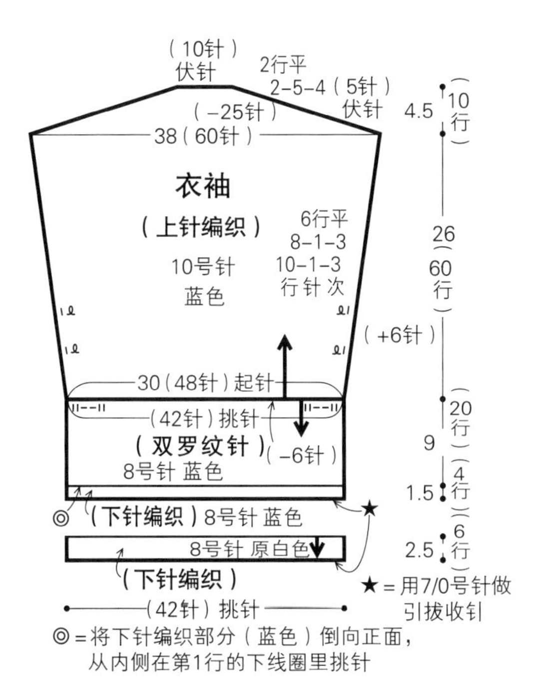


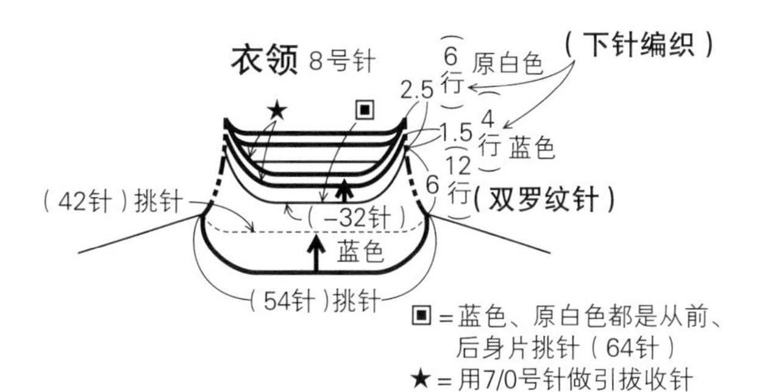


## 双罗纹针（衣领、袖口）

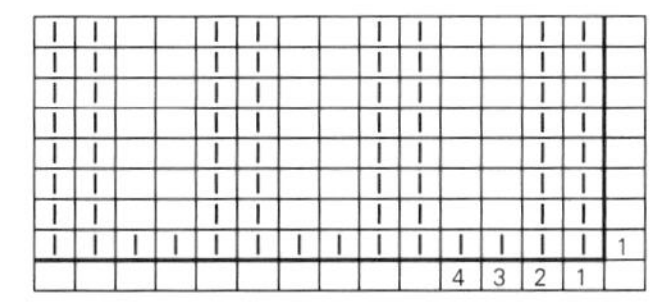

□=⊟ 上针

## 单罗纹针（下摆）

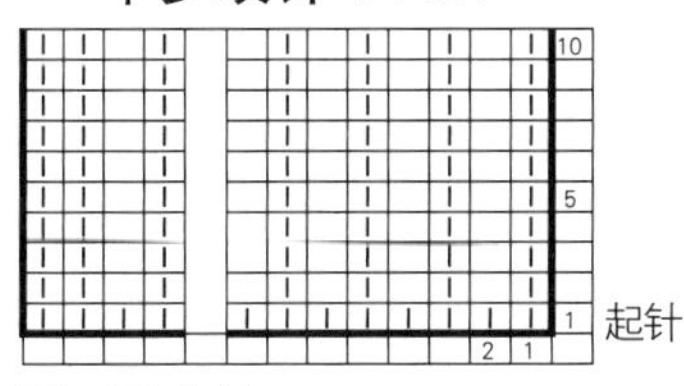


□=⊟ 上针

## 编织花样

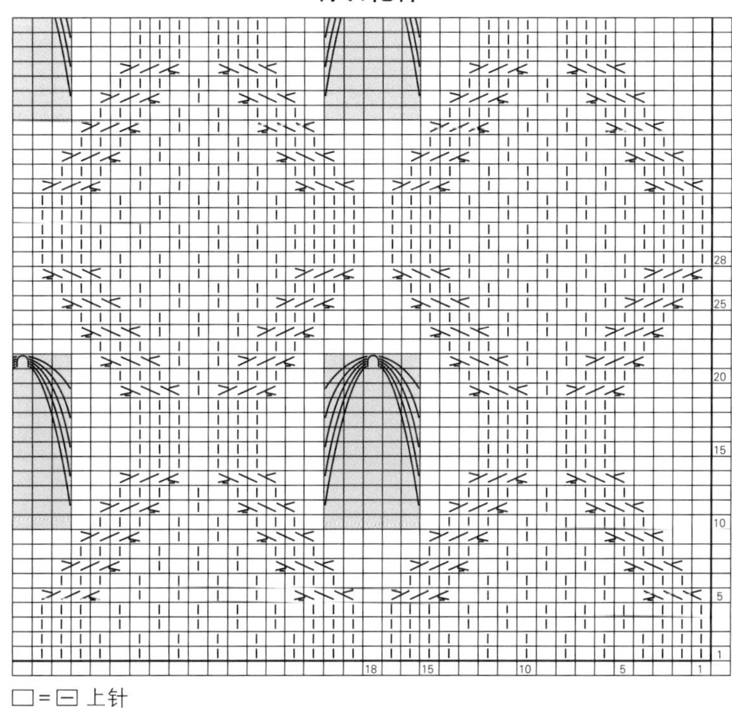

□=⊟ 上针

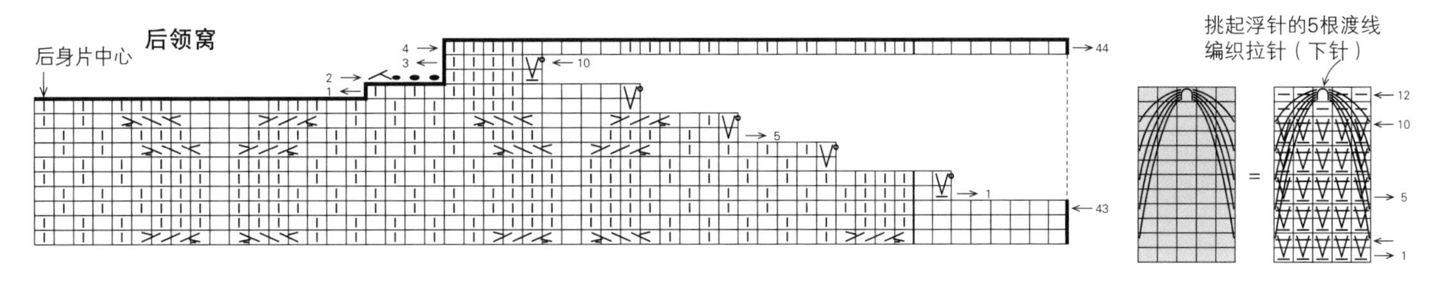


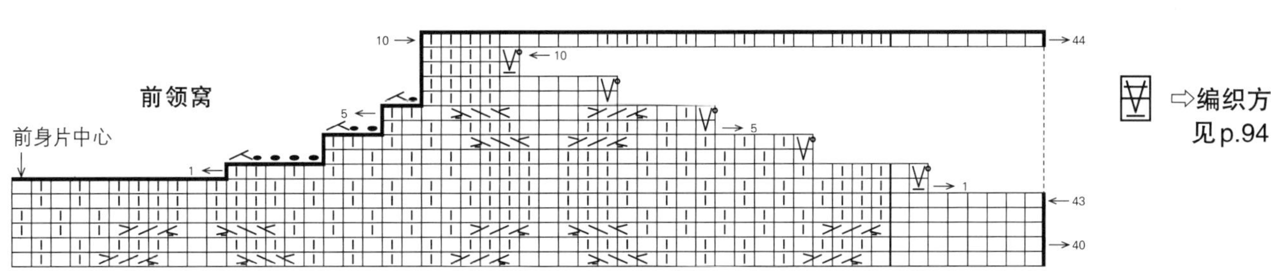


⇨编织方法见p.94

## 中上3针并1针

①

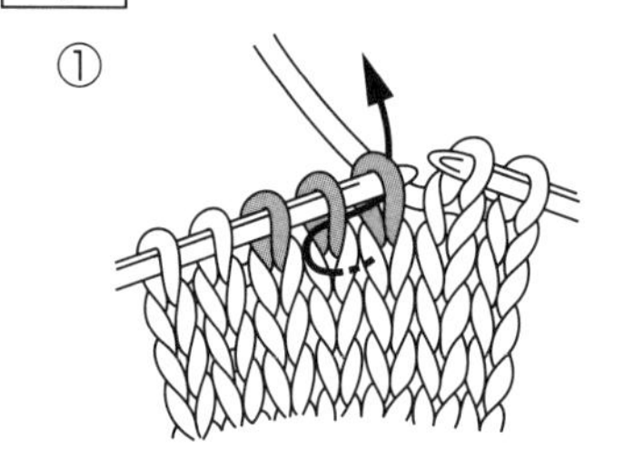

如箭头所示在2针里插入棒针，不编织，直接移至右棒针上。

②

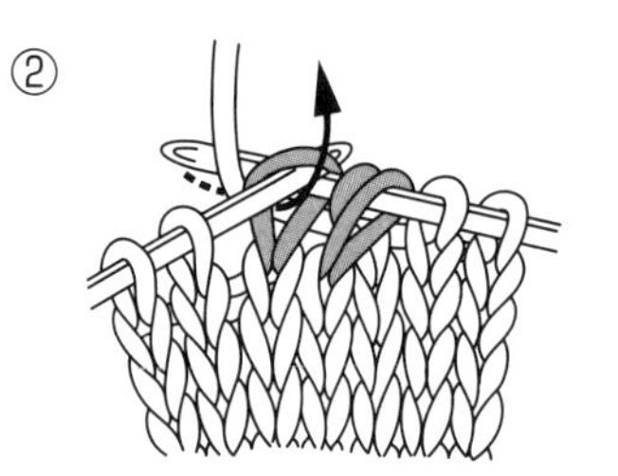

在下一针里插入右棒针编织。

③

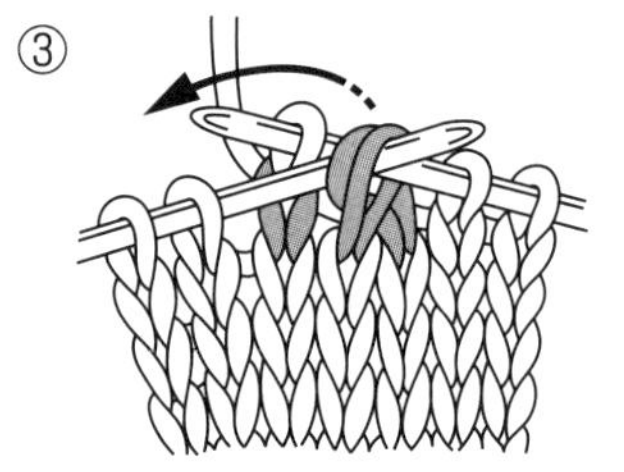

将刚才移过来的2针覆盖在已织针目上。

④

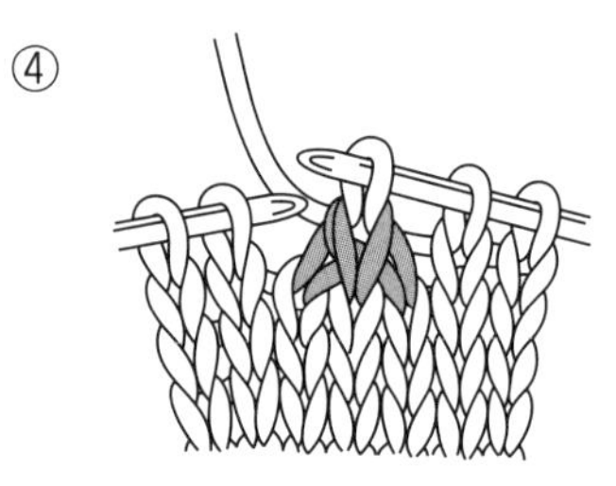

中上3针并1针完成。

## 中上3针并1针(从反面编织的情况)

①

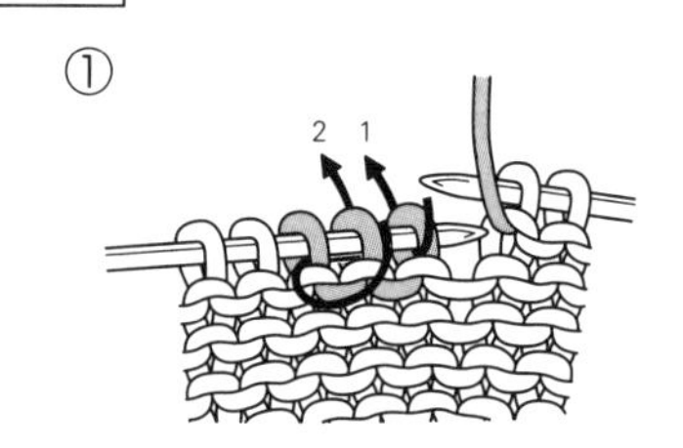


按1、2的顺序如箭头所示在2针里插入棒针，不编织，直接移至右棒针上。

②

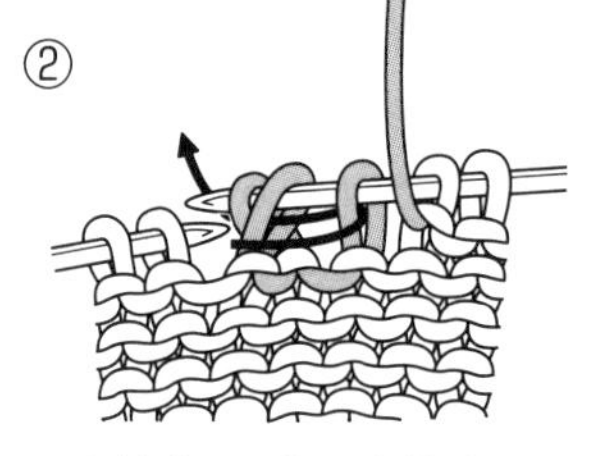

如箭头所示插入左棒针，移回针目。

③

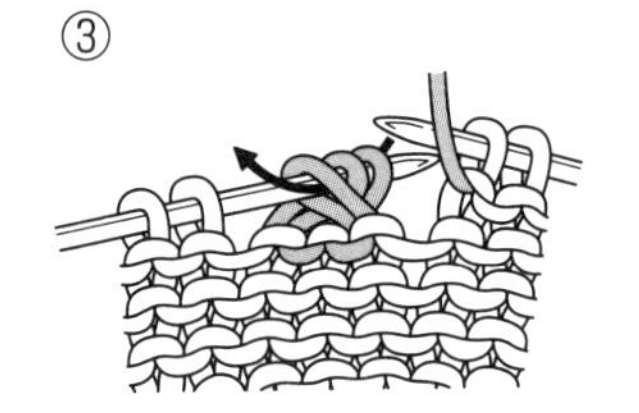

如箭头所示插入右棒针。

④

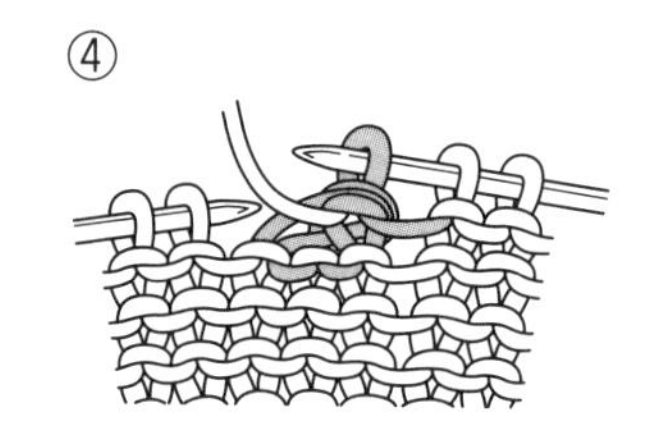

将3针一起编织上针。从正面看就是中上3针并1针。

## 右上3针并1针

①

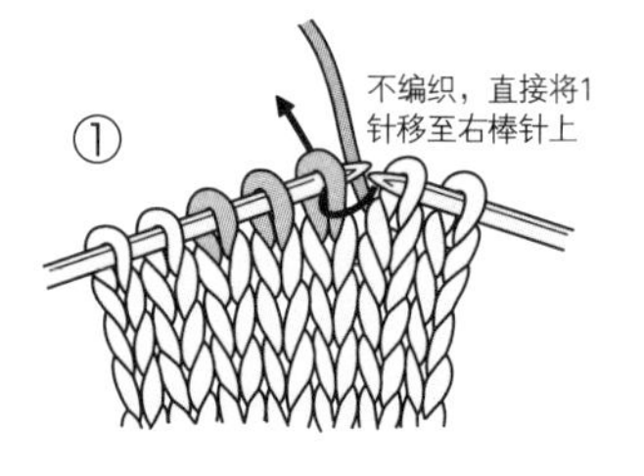


如箭头所示在1针里插入棒针，不编织，直接移至右棒针上。

②

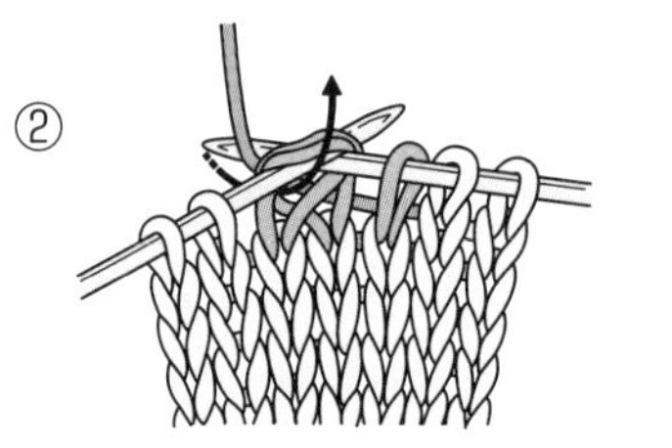

在后面的2针里插入右棒针，编织下针。

③

将步骤①移过来的针目覆盖在已织针目上。

④

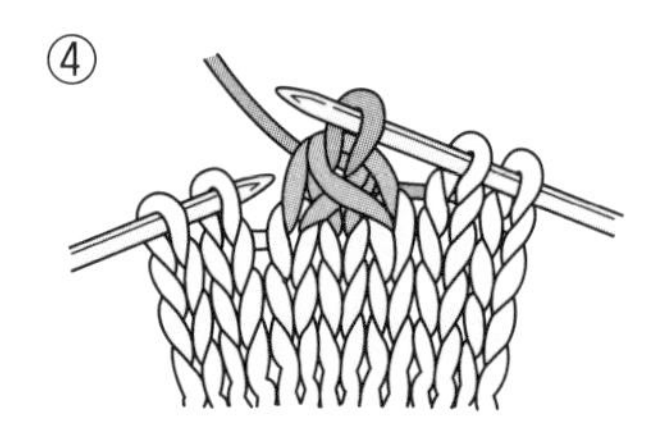

右上3针并1针完成。

## 浮针（1行的情况）

①

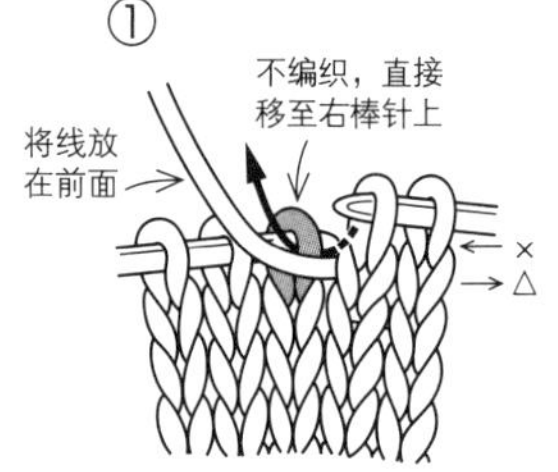


将线放在前面，此针不编织，直接移至右棒针上。

②

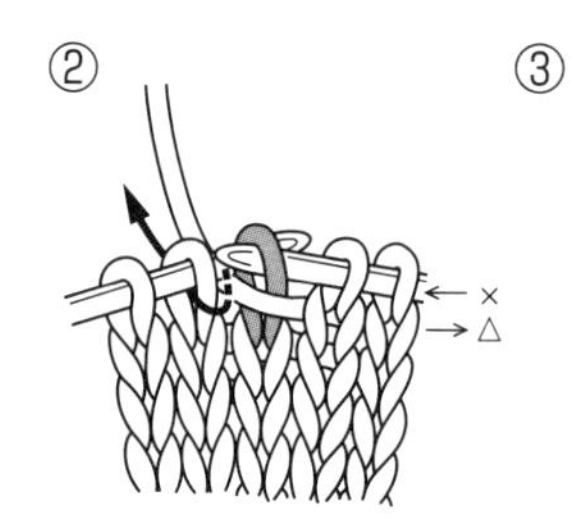


编织下一针。

③

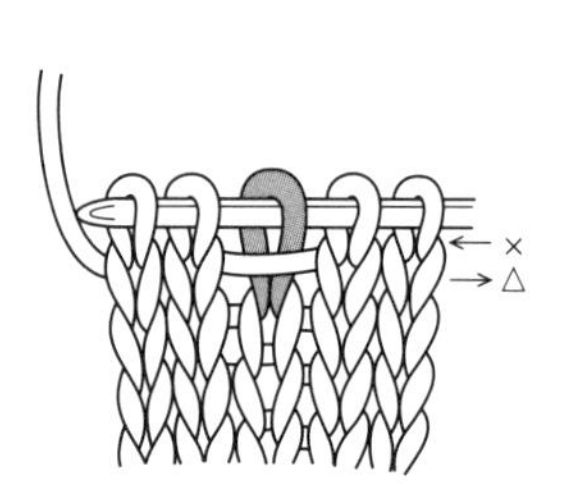


1行的浮针完成。

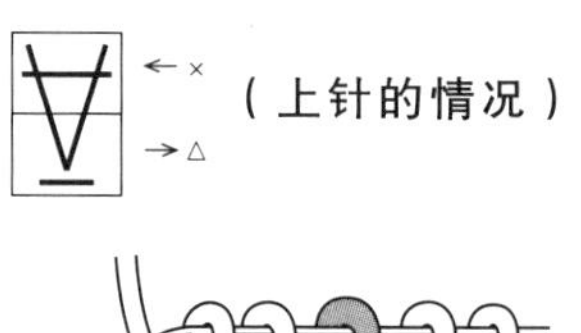


## （上针的情况）

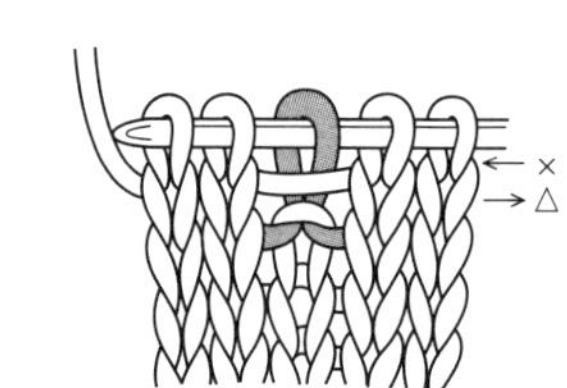

## 共线锁针起针

使用与作品相同的线起针。使用比棒针粗1号的钩针钩织锁针，起针更加平整。

①

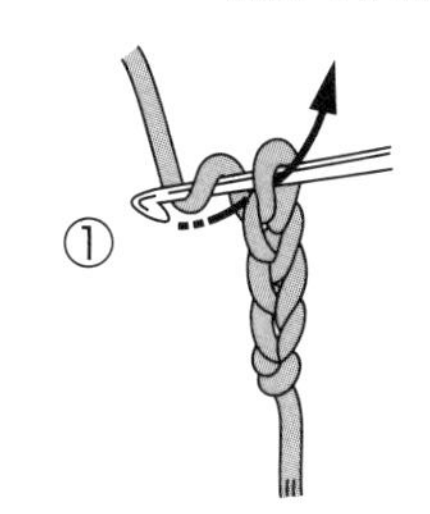

钩织所需数量的锁针。

②

将最后的锁针移至棒针上。此针计为1针。

③

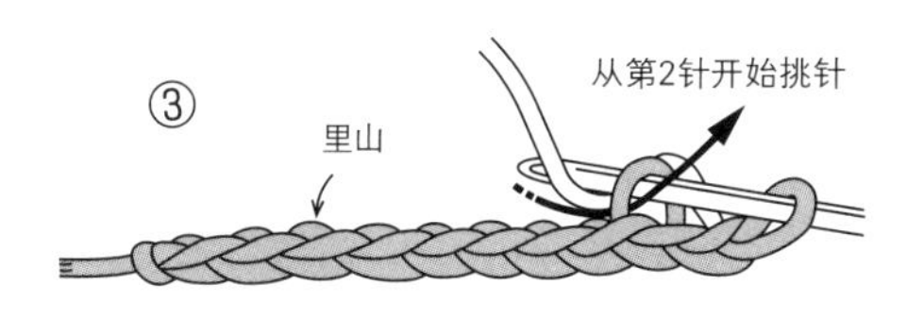


在第2针锁针的里山插入棒针将线拉出。按相同要领一针一针地挑针编织。

## 针与行的接合

①

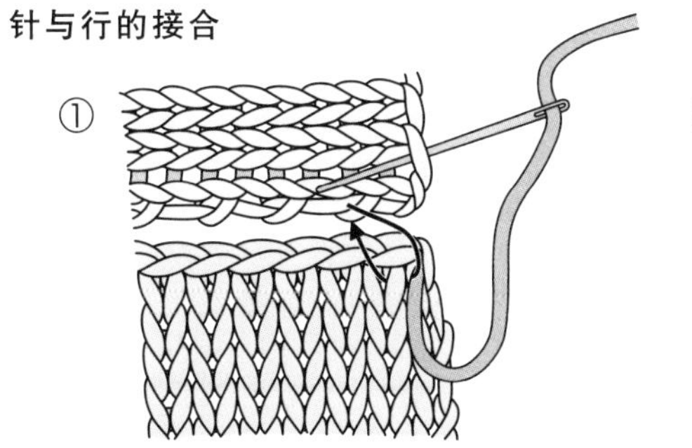

将伏针收针后的织物放在前面，依次在起针行与前面的针目里插入缝针。在每行的渡线里挑针。

②

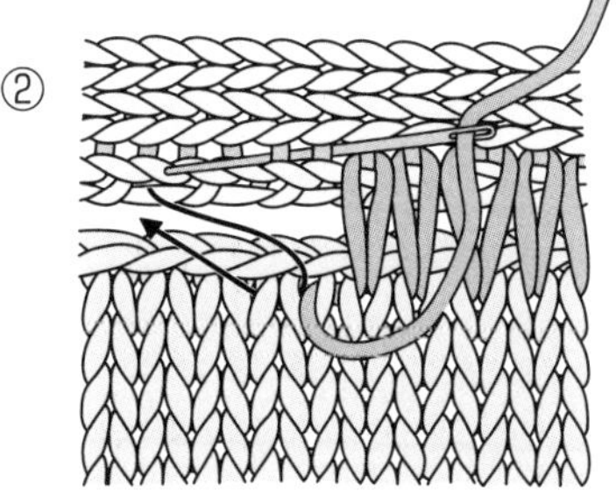

行数比针数多时，可在适当位置一次性挑取2行进行调整。

③

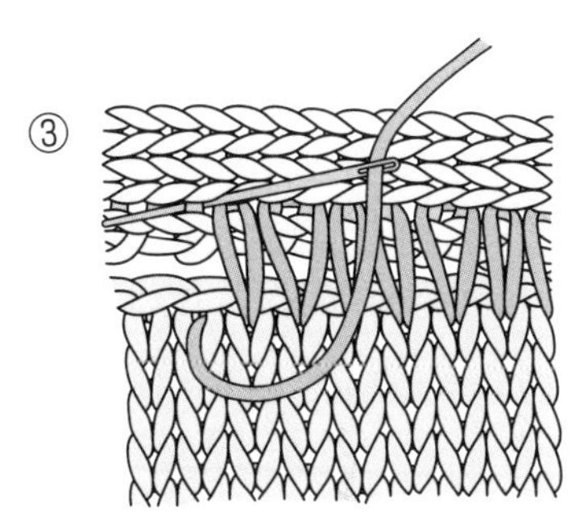

交替在针与行上插入缝针。拉动接合的线，直到看不见线迹为止。

## 下针无缝缝合

①

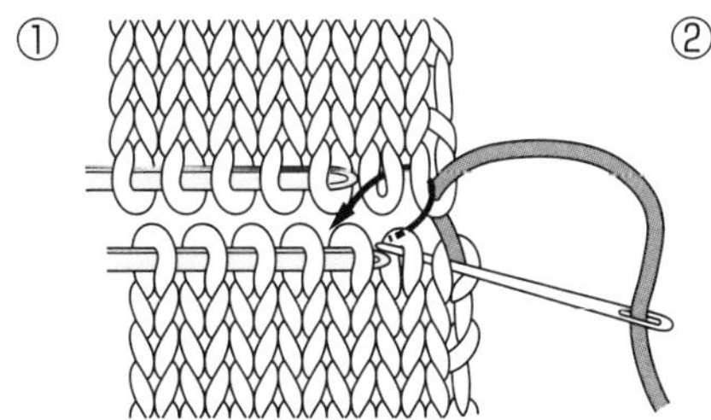

2片织物都从边针的内侧插入缝针，接着在前面的2针里挑针。

②

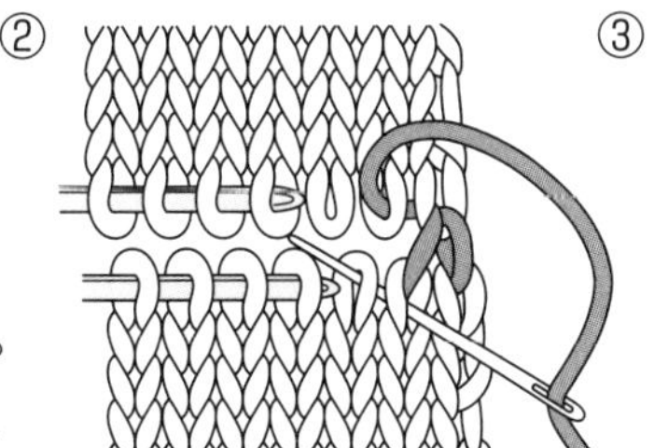

在后面的2针里挑针，再在前面的2针里挑针。

③

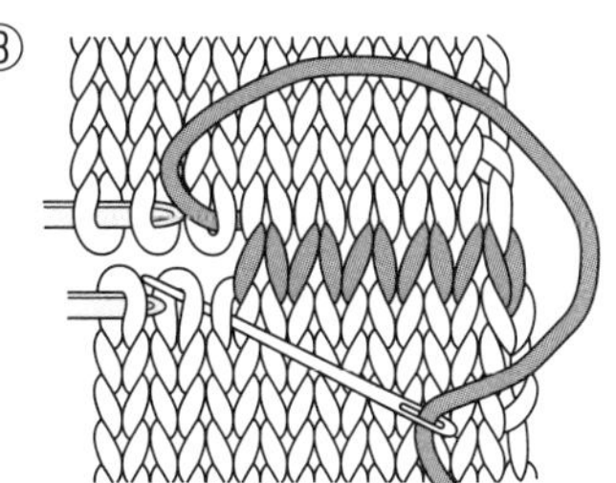

运针时，总是从正面入针，再从正面出针。

④

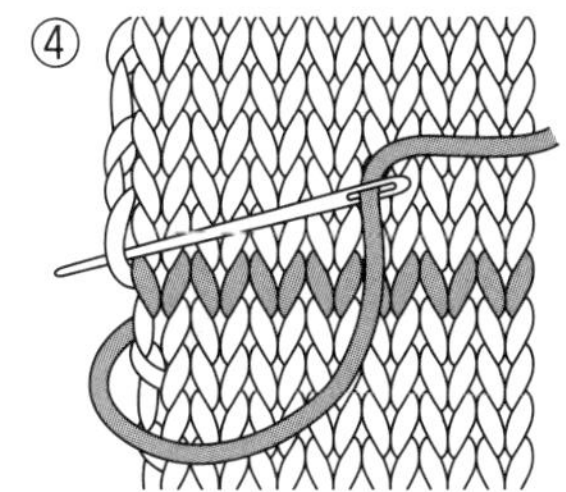

结束时在后面的针目里穿入缝针。织物有半针的错位。

## 长针的正拉针

①

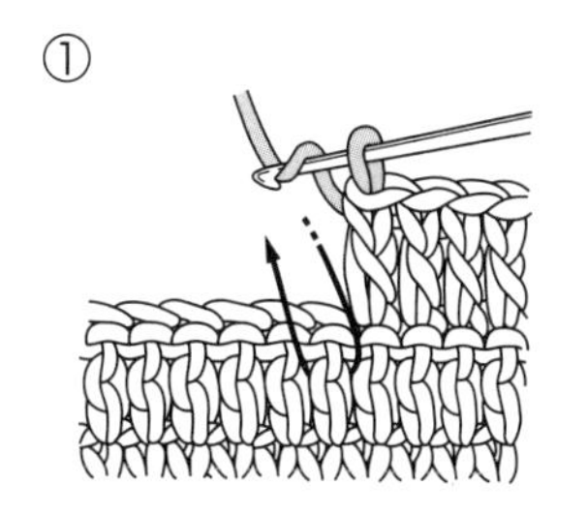

针头挂线，如箭头所示从前面将钩针插入前一行针目的根部。

②

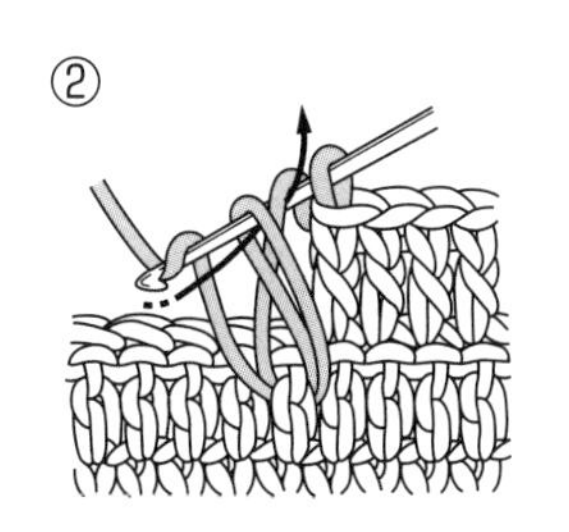

针头挂线，将线长长地拉出，接着一次性引拔穿过2个线圈。

③

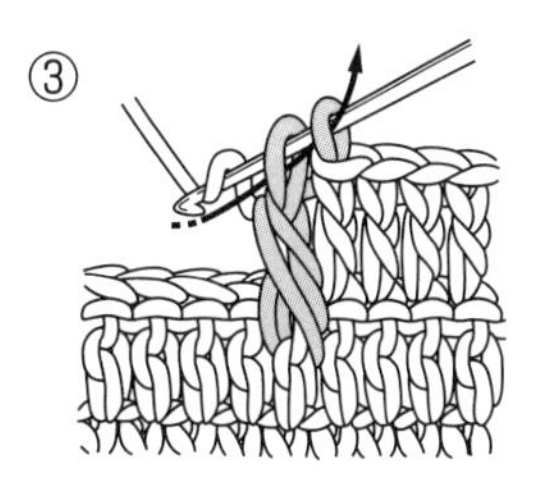

如箭头所示一次性引拔穿过剩下的2个线圈，钩织长针。

④

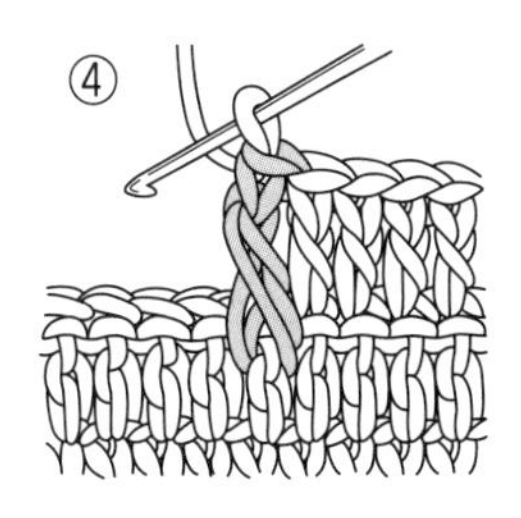

长针的正拉针就完成了。前一行针目的头部位于织物的后面。

Photographers: Akiko Oshima
Original Japanese edition published in Japan by NIHON VOGUE Corp.
Simplified Chinese translation rights arranged with Beijing Vogue Dacheng Craft Co., Ltd.

备案号：预著许可备字-2022-A-0090

**图书在版编目(CIP)数据**

唯美手编. 16, 知性优雅的编织 / 日本宝库社编著;
蒋幼幼译. -- 郑州 : 河南科学技术出版社, 2024. 9.
ISBN 978-7-5725-1652-8

Ⅰ. TS935.5-64

中国国家版本馆 CIP 数据核字第 2024N9P134 号

---

出版发行：河南科学技术出版社
地址：郑州市郑东新区祥盛街27号　　邮编：450016
电话：（0371）65737028　　65788613
网址：www.hnstp.cn
策划编辑：仝广娜
责任编辑：刘　瑞
责任校对：刘逸群
封面设计：张　伟
责任印制：徐海东
印　　刷：北京盛通印刷股份有限公司
经　　销：全国新华书店
开　　本：889 mm × 1 194 mm　1/16　　印张：6　　字数：180千字
版　　次：2024年9月第1版　　2024年9月第1次印刷
定　　价：49.00元

---

如发现印、装质量问题，影响阅读，请与出版社联系并调换。